皮具制作
超级基本功
（视频学习版）

名师屋 主编

曾祎 赵鹏 编著

U0191566

人民邮电出版社
北京

图书在版编目（CIP）数据

皮具制作超级基本功：视频学习版 / 名师屋主编；
曾祎，赵鹏编著. -- 北京：人民邮电出版社，2019.7
ISBN 978-7-115-51326-7

Ⅰ. ①皮… Ⅱ. ①名… ②曾… ③赵… Ⅲ. ①皮革制
品—手工艺品—制作 Ⅳ. ①TS56

中国版本图书馆CIP数据核字(2019)第104062号

内 容 提 要

看到别人亲手制作自己的皮质小包，你有没有蠢蠢欲动，也想尝试一下呢？翻开本书，你就能学会最基础的皮具制作技能。

本书分为4章，第1章介绍了皮革的基础知识，包括来源、种类与基础养护等；第2章介绍了皮具制作需要的工具及耗材；第3章详细展示了皮具制作时的工具使用方法和技巧；第4章，讲解了10个经典皮具的制作全过程。本书内容设置由易到难，指导读者将基础技法融会贯通，最终完成自己的皮革小作品。本书还配有免费视频教程，详实呈现了手工制作过程，帮助初学者轻松上手。

本书是非常适合手工爱好者，特别是皮具制作爱好者的自学指导手册；也可作为手工工作室或相关培训机构的参考用书。

◆ 主　编　名师屋
　　编　著　曾　祎　赵　鹏
　　责任编辑　王雅倩
　　责任印制　陈　犇

◆ 人民邮电出版社出版发行　　北京市丰台区成寿寺路 11 号
　　邮编　100164　电子邮件　315@ptpress.com.cn
　　网址　http://www.ptpress.com.cn
　　廊坊市印艺阁数字科技有限公司印刷

◆ 开本：787×1092　1/16
　　印张：6.75　　　　　　　　　2019 年 7 月第 1 版
　　字数：200 千字　　　　　　2025 年 5 月河北第 21 次印刷

定价：49.80 元
读者服务热线：(010)81055296　印装质量热线：(010)81055316
反盗版热线：(010)81055315

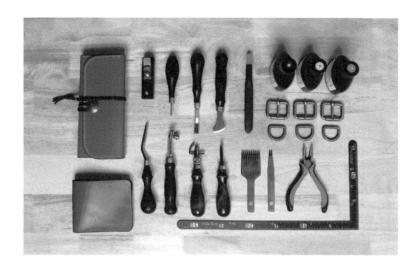

目录

第三章

皮具制作的工具使用与基础技巧

第四章

皮具作品制作

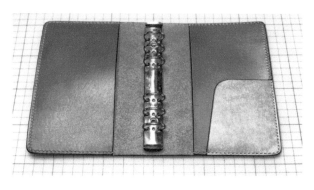

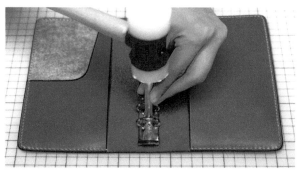

第一章
皮革知识

1.1 皮革的来源

皮革是食肉类、食草类被杀动物的副产品，人们捕食动物后将皮毛做成皮革与皮草。我们在进行皮具制作时，可从淘宝店或手工商城购买心仪的皮革。

1.2 动物年龄与皮质

同一种动物皮所制成的皮革性质依其被屠宰时成长的阶段而大不相同。以牛为例，小牛皮制成的皮革厚度为 1mm ~ 3mm，成牛皮制成的皮革厚度为 5mm ~ 7mm，另外皮革质感也完全不相同，区分如下：

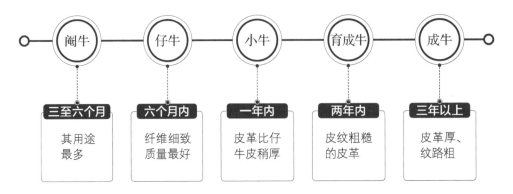

阉牛	仔牛	小牛	育成牛	成牛
三至六个月	六个月内	一年内	两年内	三年以上
其用途最多	纤维细致质量最好	皮革比仔牛皮稍厚	皮纹粗糙的皮革	皮革厚、纹路粗

成牛皮都是从背部中间一分为二裁开销售。

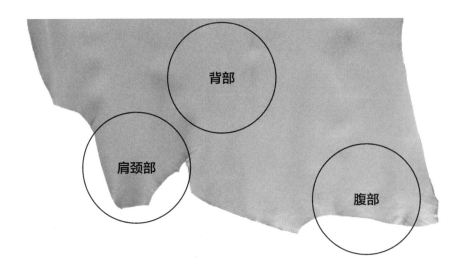

背部

肩颈部

腹部

1.3 皮革的种类

■ 皮革按动物种类区分

牛皮使用最为广泛，纤维密度较好。除此之外，利用率较高的还有羊皮、鸵鸟皮、袋鼠皮、马臀皮、鳄鱼皮、珍珠鱼皮和猪皮等。

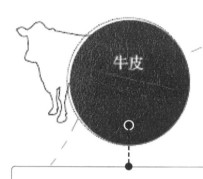

牛皮

皮质较轻，拉力较强，柔韧性较好。可做赛车服、F1 或机车手套，还可做高档足球鞋。

马臀皮

皮面细腻光滑，毛孔少，密度大，有独特光泽并具有一定的防水性，经久耐磨，柔软不易起皱。由于产量较少，价格较高，所以制作的产品也很昂贵。

鳄鱼皮

稀缺皮料，珍贵特殊物种，是皮革中的铂金，使用部位仅限于腹部狭长部分，皮子缺乏弹性，质地较硬，养护得当越用越有光泽，也是很多奢侈品制作的首选。

由于鳄鱼天生好斗，所以从小就需要单独圈养，以避免打斗时在皮面上留下伤痕。当然，十皮九残，没有一张皮是完美无瑕的。

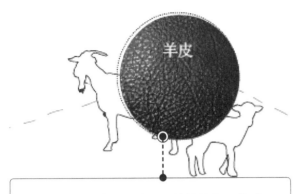

羊皮

绵羊皮：质地柔软，延伸性较好，纹路清晰可见。

山羊皮：比较结实，拉力韧性好，多用来制作鞋面、服装、手套、箱包等。

鸵鸟皮

可做箱包，也可用来镶嵌。皮面中间有疙瘩凸起，四周纹路清晰。薄款皮子可做衣服，柔韧性较好，拉力大，透气性好。

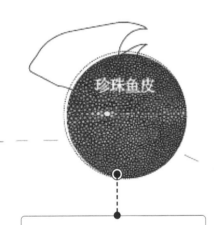

珍珠鱼皮

表面像一粒一粒的珍珠镶嵌在上面，故名珍珠鱼皮。摸上去像玉米粒的感觉，在游动时珠光绚丽。皮子价格较高，多用来做镶嵌使用。

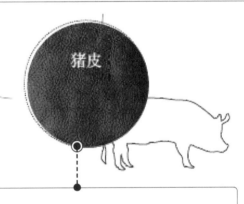

猪皮

其表面有独特的毛孔图案。腰部的皮革细密、厚实、坚固。用途较广，在欧美很受欢迎，在国内一般作为箱包内里使用。

注：在买特殊皮料时，记得问询卖家的 CITES 证书，以确保是正规渠道进货。

■ 皮革按鞣制方法区分

植鞣皮革

利用植物果实、茎、根中的植物性单宁酸成分鞣制出的皮革，可塑性和加工性良好，是皮革工艺中最常使用的皮革。此种皮革无须特别加工，是一种环保型材料，随着使用者的个人习惯以及时间的流逝，颜色会逐渐变深，但特性不变。产自意大利的植鞣皮革一直受到皮革专业人士喜爱。

● 植鞣皮革

● 油鞣皮革

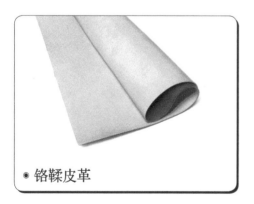

● 铬鞣皮革

铬鞣皮革

铬粉鞣制的皮革有几大特性：耐水洗，易储存，有较好的耐湿热稳定性。铬鞣皮革成本较低，花纹与颜色可选性较多，在市场中被广泛应用。

油鞣皮革

油鞣是油蜡皮采用的鞣制方式，皮革鞣制染色后，较柔软，弹性好，张力大，适用于服装、箱包等的制作。

1.4 皮革的保存

■ 防潮

皮革应放在干燥且通风环境下。当湿度增高时皮革会吸收水分，时间长容易发霉。铬鞣皮革表面生霉相对好处理，植鞣皮革发霉影响美观且不易处理，皮质强度也会降低。

■ 防热

皮革除含有微量的水分外还含有一定量的油脂，为了保持其柔软和光泽，皮革应放在恒温且温度适中的环境中，注意避开暖气等地方。若环境温度过高，水分易蒸发，内部纤维易失水、失油，导致皮质发脆，皮革容易出现裂痕和变形。

■ 防虫蛀

皮革本身含有动物蛋白质纤维和油脂成分，因此很容易被虫蛀。

■ 防酸碱

远离带有酸碱性的物质，由于腐蚀会导致皮面出现裂纹并降低韧性，所以不要将皮革和肥皂、碱面或化工原料等放在一起。

■ 防尘

长期暴露在外的皮革，由于尘土长时间堆积，革面会变得粗糙和僵硬，油脂减少。

■ 防变色

（1）植鞣皮革：长时间暴露在外，容易氧化并产生变色，需要用牛皮纸或者密封袋子装起来放置。

（2）铬鞣皮革及其他皮革：卷起来密封放置即可。

1.5 皮革的养护

■ 植鞣皮革

增快植鞣皮革变色的方法——光照

因植物萃取出的含有单宁酸液，植鞣皮革长时间处于太阳照射下颜色会逐渐变深，直至深咖色。夏天光照时间长，温度高，适宜"养牛"。但是在太阳直射的情况下，千万不要让皮具直接暴晒在强光照之下，可以在透过玻璃映射的阳光下晾晒。光照虽然可以加速皮革的变色程度，但不宜长期这样操作。

增快植鞣皮革变色的方法——上油

主要推荐使用动物脂肪护理油为皮革养护，因为某属性性状接近，对皮革的养护效果是最好的。

动物脂肪护理油比较常用的是貂油。它对植鞣皮革的发色作用不是很强，初次使用时会发现皮具变深了，但随着油分吸收和挥发，皮革颜色又会逐渐恢复，适合日常养护使用。

另一种经常使用的是牛角油，这种油使用后会明显加深皮革颜色，且有些黏手，用棉布涂抹时要保证手是干净的，需要静置晾干后继续后面步骤。牛角油比貂油变色效果快。

植鞣皮革清洗

植鞣皮革清洗护理时，对小面积或者散点状污渍及划痕一般不建议做处理，随着时间的流逝，皮革颜色逐渐变深，细小污迹基本没有影响，甚至看不出来，反而会形成一种古朴的特殊风格，比较有韵味，形成独特的个人印记。

■ **铬鞣皮革**

铬鞣皮革在日常使用时污渍可以用干净棉布蘸点水进行擦拭，晾干后可涂些护理油进行护理。

■ **油鞣皮革**

油鞣皮革在日常使用时可用马毛刷除去表面灰尘，并用护理油进行护理。

1.6 推荐新手选用的皮料

■ 以下种类皮料推荐选用进口皮料，不建议选择国产皮料，两者皮质、密度差异较大。

皮料	产地	名称	适合做的产品	价格（元/DS）
植鞣皮	意大利	（原色）Double butt	2.0mm 厚度可做大型包(斜挎包、托特包、背包等)、钱包外皮；1.0mm 厚度可做钱包内皮等	6～7
	意大利	（透染）Buttero		8～9
	日本	栃木		16～17
擦蜡皮	意大利	擦蜡皮		10～12
马具皮	英国	皇家 JE 马缰革		16～17

■ 国产皮料推荐

皮料	产地	名称	适合做的产品	价格（元/DS）
牛皮	国产	胎牛皮	皮包面，小物件	16～22

胎牛皮皮面干净，瑕疵少，密度较大，利用率高（仅供参考）。

DS: 计算皮料的单位，1DS=10cm×10cm。

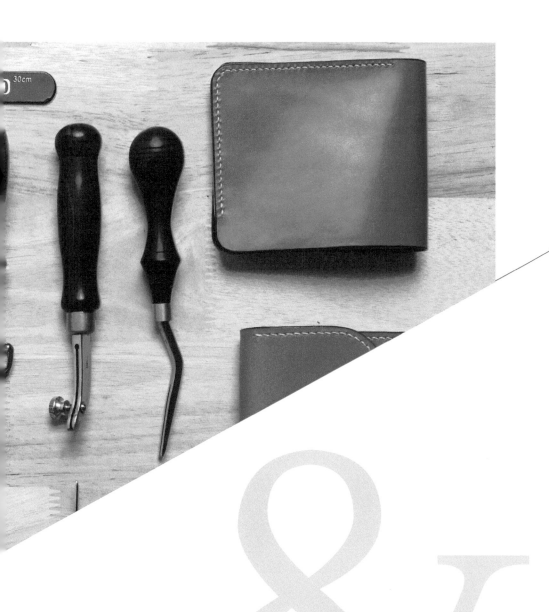

第二章
皮具制作工具及耗材

2.1 测绘及相关工具

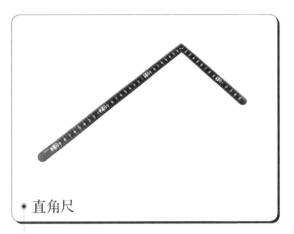

● 直角尺

• 用于测量长度，画直线，绘制板型。推荐
  购买钢制尺。

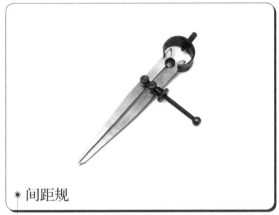

● 间距规

• 用于缝线前的划线，后续菱斩进行打孔。
  也可用来划压皮革装饰线。

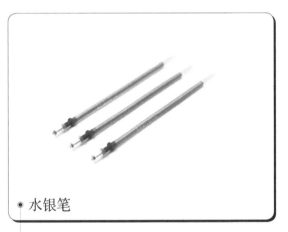

● 水银笔

• 用于在皮革上做记号，画线迹。可购买配
  套的清洗笔，方便擦掉水银笔痕迹。植鞣
  皮革不推荐使用。

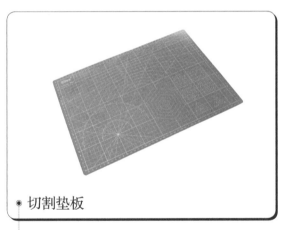

● 切割垫板

• 切割操作时使用，避免桌面被工具划伤或
  化学制品污染，同时保护刀子，延长刀子
  使用时间。垫板上的刻度可以辅助测绘。

2.2 刀具

日式裁皮刀 ● ── ● 单边开刃，可裁切铲薄皮革，使用方法简单好掌握。因结构原因，刀的保持性不太好，需要经常打磨以保持锋利。

美式裁皮刀 ● ── ● 双边开刃，可裁切铲薄皮革，使用方法较难，不易掌握。因结构原因，刀的保持性比较好，不需要经常打磨。

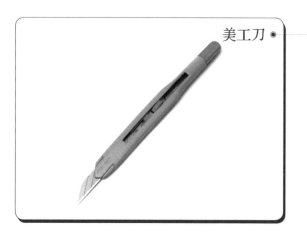

美工刀 ● ── ● 双边开刃，可裁切铲薄皮革，使用方法简单好掌握。因材料原因，刀的保持性不太好，但不用打磨，只需替换刀片，非常方便，推荐新手使用。

用于在皮革表面挖出凹槽，方便标记打斩，使缝制的线迹埋在凹槽内，在增加美观的同时增加了线的耐脏耐磨程度。推荐购买两用挖槽器，换头后可当边线器使用，用来在皮革表面划压装饰线。

● 挖槽器

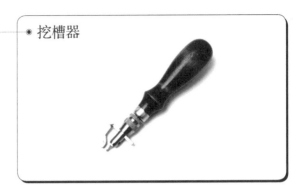

用于削切皮革边缘，使边缘圆滑美观。

● 削边器

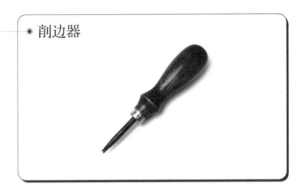

用于剪断多余的线头。

● 纱剪

2.3 打孔工具

● 锥子

● 用于打斩后通孔，在皮革
上做记号，划线迹。

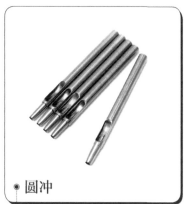

● 圆冲

● 用于皮革表面打孔，有多
种规格。圆冲与半圆冲可
统称为冲子。

● 半圆冲

● 用于皮革拐角处处理，有
多种规格。

● 菱斩

● 用于皮革缝线前的打孔，一般分为
1齿、2齿、4齿、6齿等，是皮具
制作时的重要工具，推荐购买价格
比较贵的。

● 打孔胶板

● 菱斩和冲子打孔时使用，避免桌面被工具打伤，
同时保护工具，延长工具使用寿命。

2.4 缝纫工具及耗材

线

• 尼龙线：使用方法简单好掌握，结实，适合新手使用。

麻线：使用方法复杂不易掌握，没尼龙线结实，但线迹饱满自然。

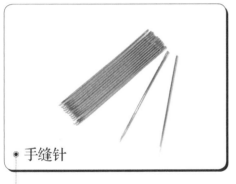

手缝针

• 圆头，尾部有孔用来穿线，有一定的韧性，用于皮革的缝合。

线蜡

• 用于给线上蜡，方便穿针引线，并防止缝线时起毛。

锤子

• 在缝纫时有辅助作用。也用于打斩、打孔。推荐购买尼龙锤或胶头锤。

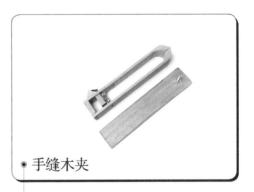

手缝木夹

• 用于把作品固定在木夹上，解放双手专注缝制。

2.5 打磨工具及耗材

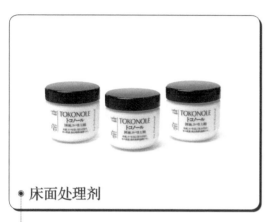

● 床面处理剂

• 用于处理皮革背面和边缘，使其平整光滑。

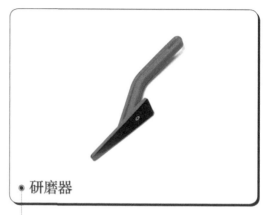

● 研磨器

• 用于打磨皮革边缘，有平面、曲面两种。建议粗目、细目两个规格都购买。

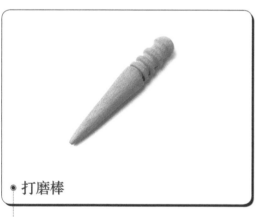

● 打磨棒

• 用于封边和皮革背面处理。

2.6 黏合工具及耗材

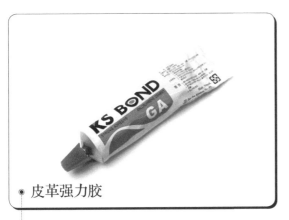

● 皮革强力胶

● 比较常用的皮革黏合剂，干得快、黏性大。

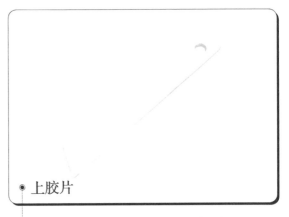

● 上胶片

● 用于胶水的涂抹，推荐各尺寸的均备一片。

2.7 染色工具及耗材

● 染料

● 用于皮革染色，分盐基和酒精基两种，图
为盐基染料。

● 仿染

● 用于皮革表面染色后固色、增艳，有一定
防水、防脏、防尘的作用。

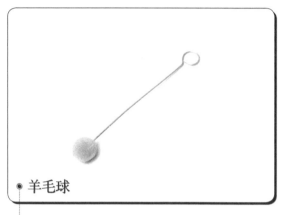

羊毛球

用于皮革染色、上油以及封边后边
缘抛光。

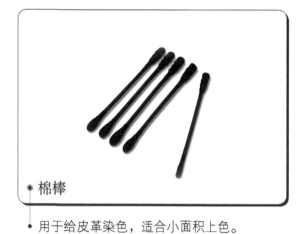

棉棒

用于给皮革染色，适合小面积上色。

2.8 保养耗材

貂油膏

用于皮革表面保养，可滋润皮革。

第三章
皮具制作的工具使用与基础技巧

3.1 准备板型

皮具制作前需要根据自己的使用用途先构思板型，确定大致的尺寸，准备或绘制板型。

■ 绘制板型

新手绘制板型时推荐手绘，可以从网上找些参考资料，模仿一些经典的板型进行绘制，也可参考本书案例的板型。这里示范绘制一个圆角长方形板型（尺寸自定）。

准备：尺、铅笔、美工刀。

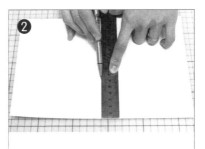

使用尺与铅笔在白卡纸上绘制出十字标记线。

完成十字标记线绘制。

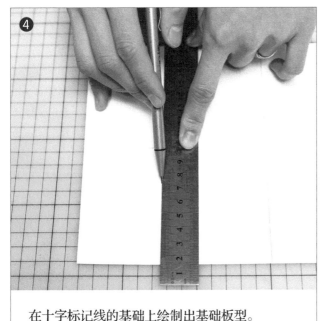

在十字标记线的基础上绘制出基础板型。

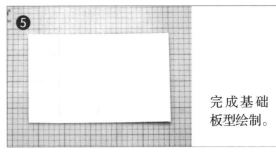

完成基础板型绘制。

用美工刀把绘制的板型从白卡纸上切割下来。

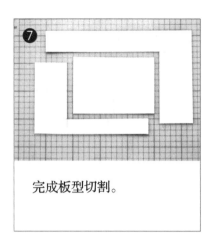

⑦ 完成板型切割。

⑧ 留下板型。

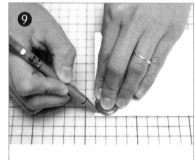

⑨ 用铅笔与圆形参照物把板型的4个直角绘制成圆角。

⑩ 完成四角绘制。

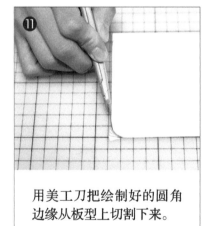

⑪ 用美工刀把绘制好的圆角边缘从板型上切割下来。

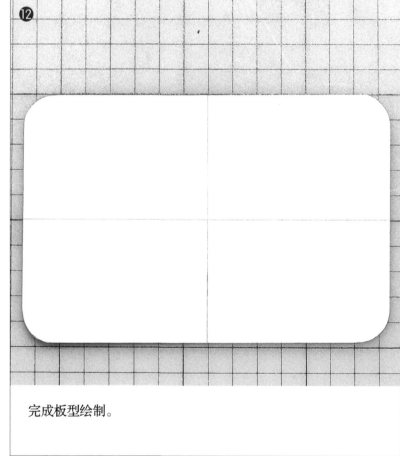

⑫ 完成板型绘制。

■ 购买板型

新手也可以选择从网上购买板型。

3.2 下料

板型绘制或准备好后，需把板型转印到皮革上，并裁切皮革。

■ 转印板型

转印板型时要尽量选择干净的皮面，避开皮革上的伤残和生长纹，或把生长纹放在作品不显眼的地方。
用锥子划标记时需用手压紧板型，小心地划出标记。

准备: 直角尺、锥子。

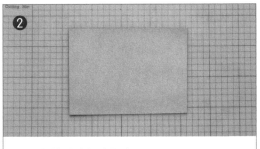

把皮革放在切割垫板上。

把板型放在皮革上面，尽量避开皮革上的伤残纹和生长纹。

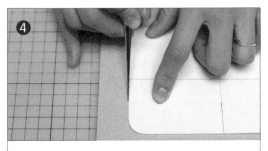

用锥子沿板型边缘在皮革上划出标记线。如不是植鞣皮革也可用水银笔画线。

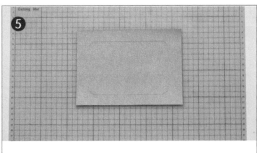

完成转印板型。

注意

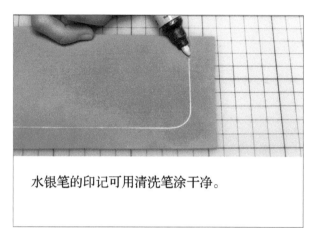

水银笔的印记可用清洗笔涂干净。

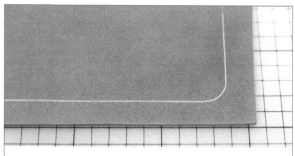

在使用植鞣皮革的时候，尽量不要用水银笔，用锥子代替。

■ 裁切皮革

裁切皮革要小心谨慎，裁切得越精准后续的制作会越顺利。厚的皮子需要格外注意。不精准的裁切会使后期缝线和封边出现一系列的问题。

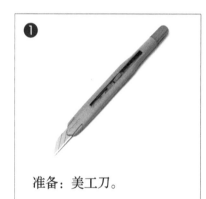

❶ 准备：美工刀。

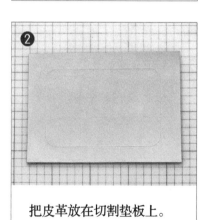

❷ 把皮革放在切割垫板上。

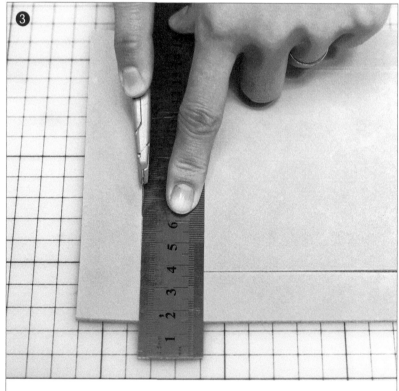

❸ 用美工刀沿标记线裁切，下刀要轻，反复多次切割。（这里作为给初学者示范，用到了尺子。后面会讲到，尽量锻炼自己不用尺子）

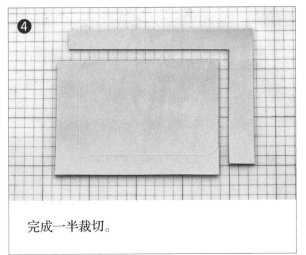

完成一半裁切。

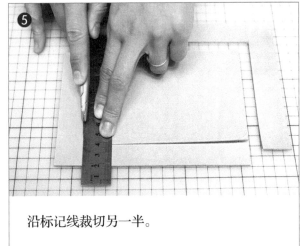

沿标记线裁切另一半。

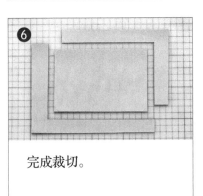

完成裁切。

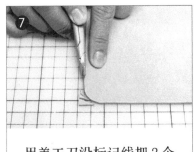

用美工刀沿标记线把2个直角裁切成圆角。

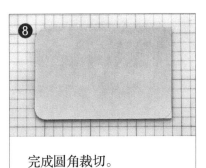

完成圆角裁切。

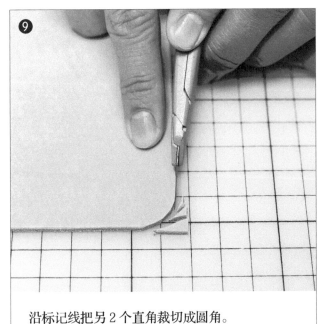

沿标记线把另2个直角裁切成圆角。

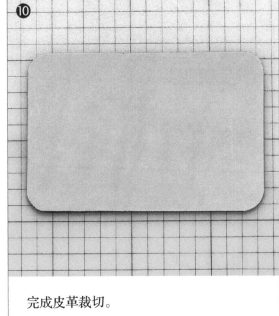

完成皮革裁切。

注意

用裁皮刀切直线时尽量不要使用尺子。塑料尺材质软，不能很好地起到抵挡的作用；钢尺材质较硬，容易损伤刀刃。平时要多加练习，做到不用尺子也能切割出直线。

美工刀刀刃要与桌面保持垂直，使切割的截面垂直于桌面。

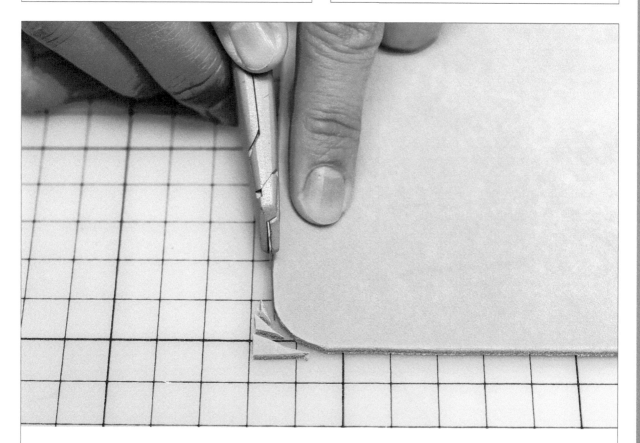

裁切曲线时需先小角度切直线，然后慢慢切成弧形（裁切板型同理）。

3.3 皮面处理与保养

皮革裁切后，需处理皮革的正面、背面与边缘。

■ 正面处理（皮革保养）

裁切后要进行皮革保养，作品完成后也需定期保养皮革，让皮革保持滋润。

❶ 准备：貂油膏、白色棉布。

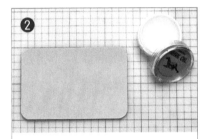

❷ 把皮革放在切割垫板上，准备好貂油膏。

❸ 用白色棉布蘸取适量的貂油膏涂抹在皮革正面。

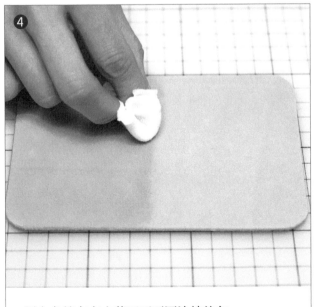

❹ 用白色棉布在皮革正面画圈涂抹均匀。

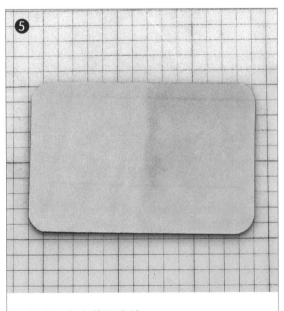

❺ 完成一半皮革的涂抹。

6

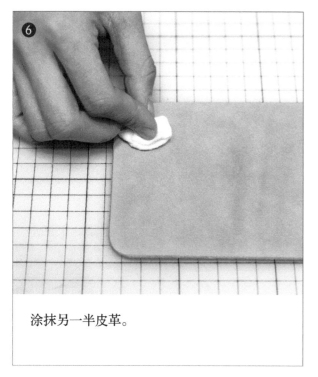

涂抹另一半皮革。

7

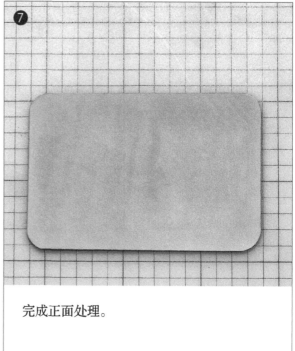

完成正面处理。

注意

一般植鞣皮革用貂油膏保养即可。

皮革保养前可用马毛刷和棉布把皮革擦拭干净。

■ 背面处理

裁切后要对皮革背面进行处理，使毛糙的皮革背面变光滑。有一部分皮友喜欢皮革原始的质感，也可略过此步骤。

❶ 准备：床面处理剂、棉签、打磨棒。

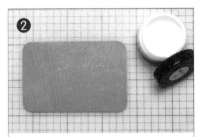

❷ 把皮革放在切割垫板上，准备好床面处理剂。

❸ 用棉签蘸取适量的床面处理剂涂抹在皮革背面。

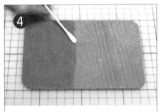

❹ 用棉签在皮革背面画圈涂抹均匀。

❺ 完成一半涂抹。

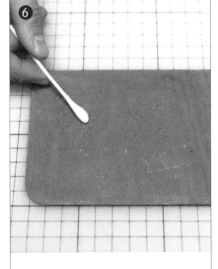

❻ 涂抹另一半皮革。

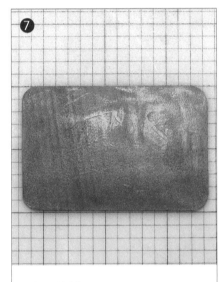

❼ 完成涂抹。

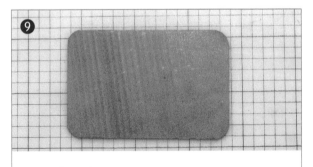

❽ 用打磨棒把背部打磨光滑使其有一定的光泽感。

❾ 完成背面处理。

注意

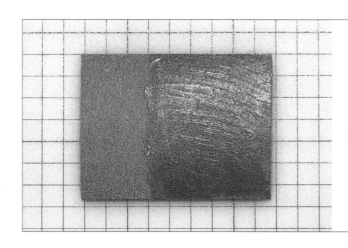

床面处理剂涂抹
时要少量多次。
大面积的皮革可
以用毛刷涂抹。

■ 边缘处理

边缘处理非常重要，圆润且光滑的边缘会让作品增色不少。有一部分皮友喜欢皮革原始的质感，也可略过此步骤。

准备：削边器、粗目研磨器、
细目研磨器、打磨棒、酒精
染料、床面处理剂、棉签。

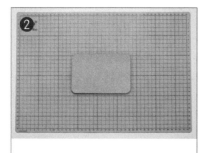

把皮革放在切割垫板上。

用削边器将正面的边缘修饰圆滑。

④

用削边器将背面的边缘修饰圆滑。

⑤

用棉签蘸取少量的水涂抹在皮革边缘。

⑥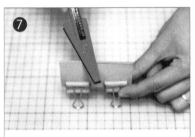

完成涂抹。

⑦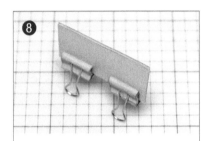

用粗目和细目研磨器依次打磨边缘。

⑧

重复步骤5～步骤7直至边缘打磨光滑。

⑨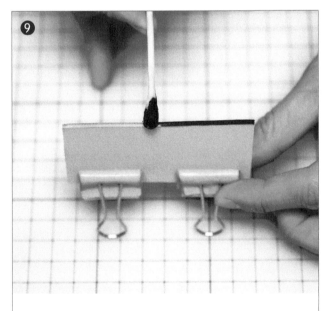

用棉签蘸取少量酒精染料给边缘上色，少量多次涂抹均匀。

⑩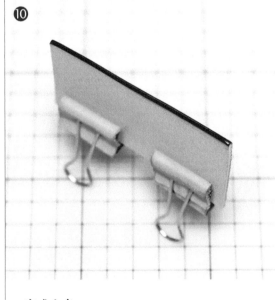

完成上色。

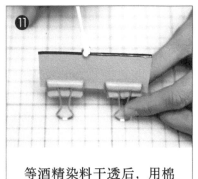

⑪ 等酒精染料干透后，用棉签蘸取少量床面处理剂均匀涂抹边缘。

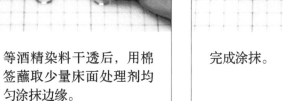

⑫ 完成涂抹。

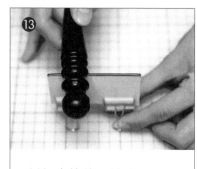

⑬ 用打磨棒的凹槽处来回打磨边缘，重复步骤 11 ~ 步骤 13 直至边缘打磨抛光。

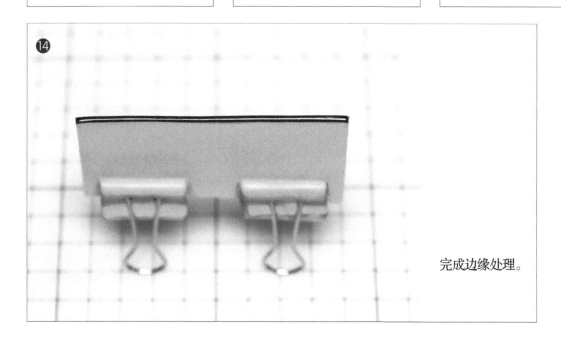

⑭ 完成边缘处理。

注意

粗、细目研磨器可以用粗、细目砂纸替换。

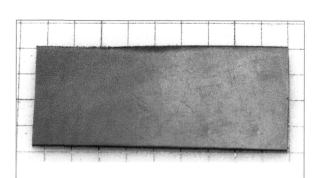

用打磨器和砂纸打磨后边缘会翘起，需用削边器把翘起部分削掉。

■ 染色

我们可以将原色植鞣皮革进行染色，染色步骤如下。

❶

准备：盐基染料、仿染、羊毛球、打磨棒。

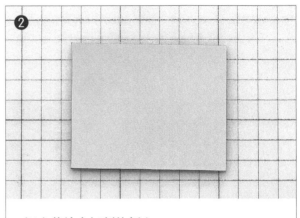

❷

把皮革放在切割垫板上。

❸

用羊毛球蘸取适量染料涂抹在皮革正面。

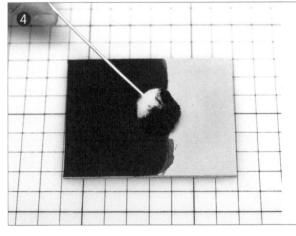

❹

用羊毛球在皮革正面画圈涂抹均匀。

❺

完成一半染色。

❻

涂抹另一半皮革。

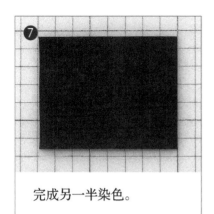

❼

完成另一半染色。

❽

用羊毛球蘸取适量的仿染画圈涂抹均匀。

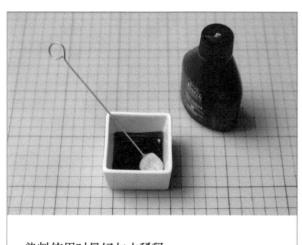

❾

完成染色。

注意

染料使用时最好与水稀释。

不建议自己将皮革大面积上色，推荐直接购买浸染的有色皮革。

3.4 打斩和打孔

下好料后，需要缝制和安装五金件的地方要提前"打孔"。

■ 打斩

皮面处理后打制缝合孔，好的打斩是缝制的基础。

准备：间距规、锥子、菱斩，锤子。

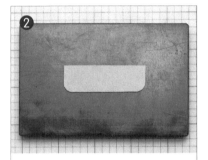

把皮革放在打孔胶板上。

用间距规划一条打斩标记线，一般距离皮革边缘3mm～5mm。

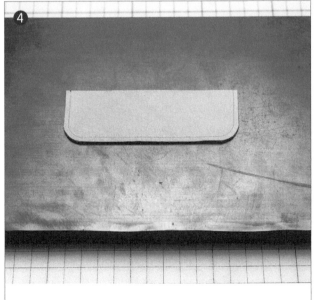

完成标记线绘制。

用锥子在打斩标记线的中间位置确定中点。

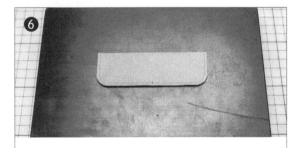

完成中点确定。

❼ 先往中点的一侧打斩。参照打斩标记线，让菱斩垂直于皮面。

❽ 用锤子击打菱斩。击打要轻稳，击穿皮革即可。

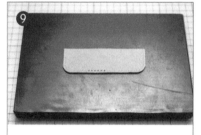

❾ 完成打斩。

❿ 用菱斩的第一个齿抵住上一个打好的孔位末端，继续重复步骤7、步骤8。

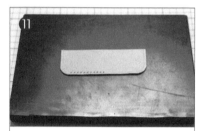

⓫ 完成这部分打斩。

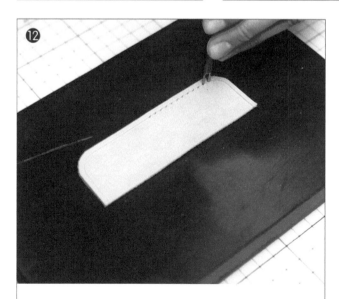

⓬ 打斩到弯角处需换2齿菱斩打斩，继续重复步骤7、步骤8。

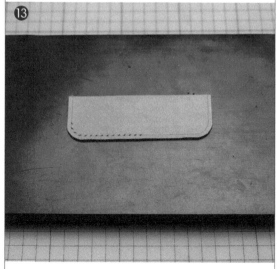

⓭ 完成这部分打斩。

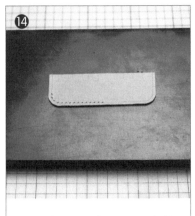

⓮ 用菱斩重复步骤12、步骤13直至孔位打斩出弯角。

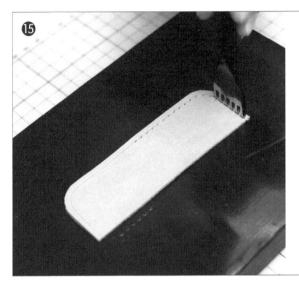

⓯ 打斩到直线处需换回6齿菱斩，继续重复步骤7、步骤8打斩到最后。

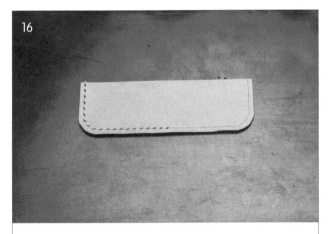

16 完成一侧打斩，继续另外一侧打斩。

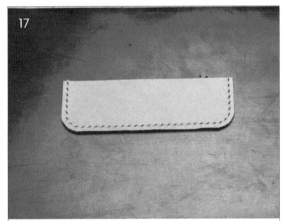

17 完成打斩。

注意

打斩要距离皮革边缘3mm～5mm，离皮边过近缝制的牢固性会降低。

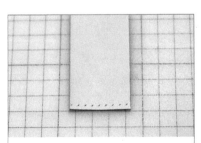

用锤子击打时不要用力过小，会使菱斩无法穿透皮革。

用锤子击打时不要用力过大，会使缝合孔变形。

■ 打孔

打孔多用于五金件镶嵌，有些孔也当作装饰。

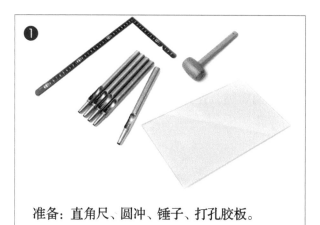

准备：直角尺、圆冲、锤子、打孔胶板。

把皮革放在打孔胶板上。

用直角尺量出要打孔的位置，并用锥子点出定位点，防止打偏。

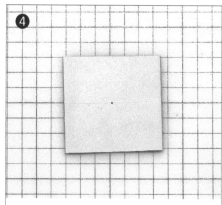

完成定位点确定。

参照定位点，让圆冲垂直于皮面。

用锤子击打圆冲，击打要轻稳，击穿皮革即可。

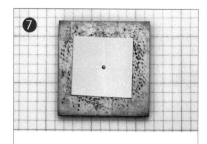

打孔完成。

注意

本处用圆冲进行示范，除了圆冲外，还有方冲、椭圆冲、皮带冲等，可根据自己的需求选择使用。

3.5 缝纫

打斩后进行缝纫，常用的线有麻线和尼龙线。麻线的线迹自然，人工制作感较强。但较尼龙线易断易起毛；尼龙线结实不易起毛，但没有麻线自然。推荐新手开始练习时使用尼龙线缝制。缝制熟练后，使用麻线会使制品有更好的质感，让作品增色不少。

■ 穿针

打斩缝合孔后进行穿针，做好缝制前的准备工作。

准备：针、线、线蜡。

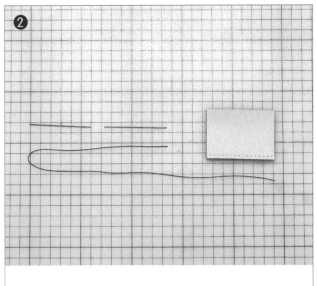

根据缝制距离确定线的长度，一般薄皮要留缝制距离的 3 倍加 2 根针的长度，厚皮要留缝制距离的 4 倍加 2 根针的长度。

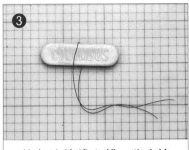

均匀地给线上蜡，防止缝线过程中出现起毛的状况。

将线穿过针孔，留出一针半的长度。

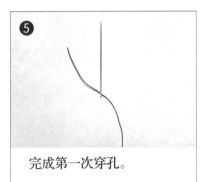

完成第一次穿孔。

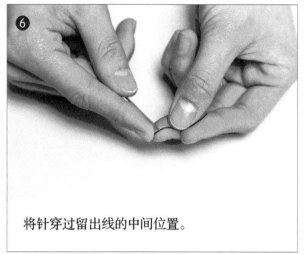

6 将针穿过留出线的中间位置。

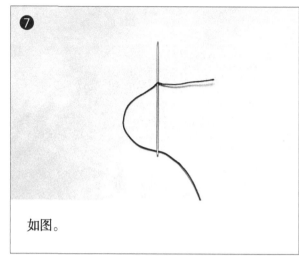

7 如图。

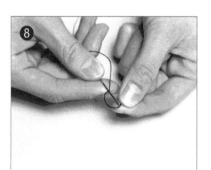

8 再次将针穿过留出线的中间位置。

9 如图。

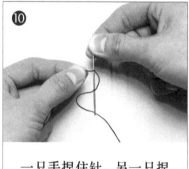

10 一只手捏住针，另一只捏住留出线往下拉。

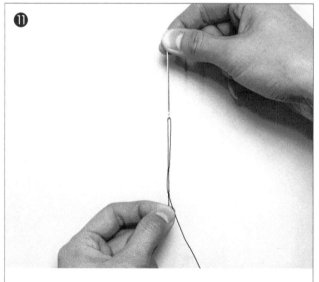

11 把线拉到位。

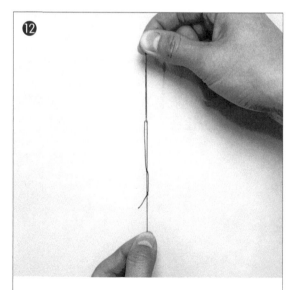

12 一只手捏住针，另一只捏住主线往下拉。

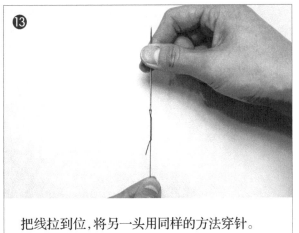

⑬

把线拉到位，将另一头用同样的方法穿针。

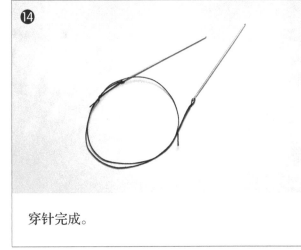

⑭

穿针完成。

注意

确定缝制线的长度时要遵守留多不留少的原则。

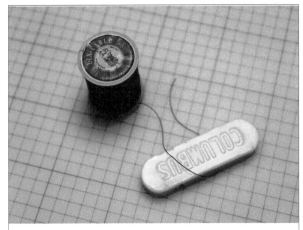

缝制时有可能会出现线蜡脱落起毛的情况，应及时给线上蜡。

■ 缝线

穿针后进行缝线，新手缝线时一定要细心记住缝制顺序与技巧，避免线迹扭曲。

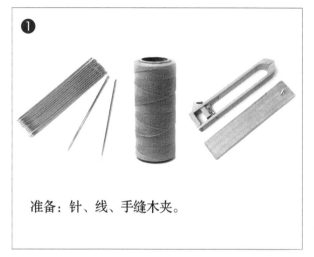

❶ 准备：针、线、手缝木夹。

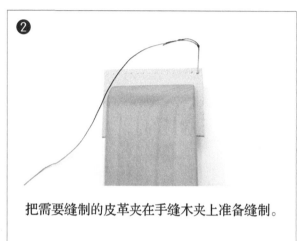

❷ 把需要缝制的皮革夹在手缝木夹上准备缝制。

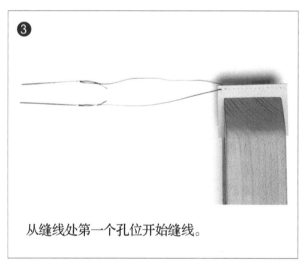

❸ 从缝线处第一个孔位开始缝线。

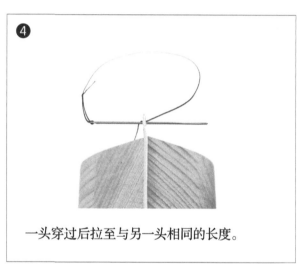

❹ 一头穿过后拉至与另一头相同的长度。

❺ 把右侧的针从皮革边缘绕回到左侧第一个孔位。

❻ 拉紧线。

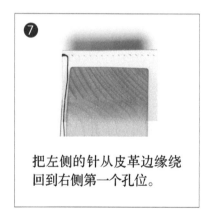

❼ 把左侧的针从皮革边缘绕回到右侧第一个孔位。

8

拉紧线，完成起针。

9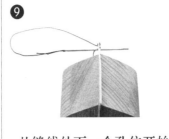

从缝线处下一个孔位开始缝线。

10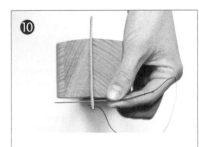

把右侧的针从右侧穿过第二个孔位。

11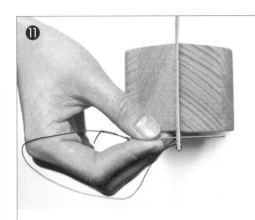

把左侧的针从左侧穿过第二个孔位，注意线要压在孔内另一条线的上面。

12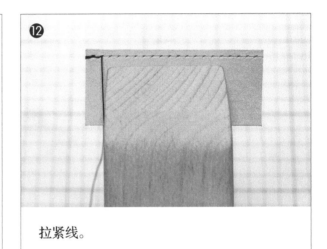

拉紧线。

13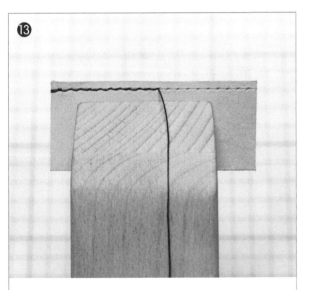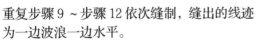

重复步骤 9 ~ 步骤 12 依次缝制，缝出的线迹为一边波浪一边水平。

14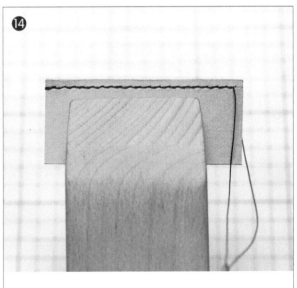

缝制到倒数第一个孔位。

⑮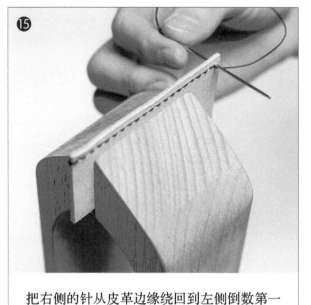

把右侧的针从皮革边缘绕回到左侧倒数第一个孔位。

⑯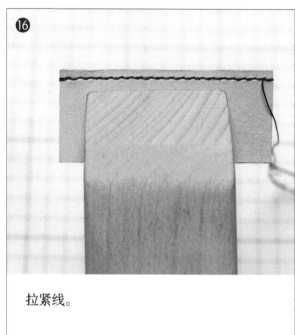

拉紧线。

⑰

再把左侧的针从皮革边缘绕回到右侧倒数第一个孔位。

⑲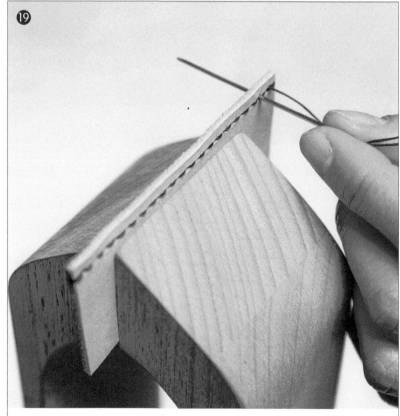

⑱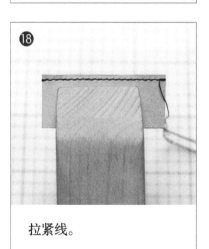

拉紧线。

把右侧的针从右侧穿过倒数第二个孔位。

⑳

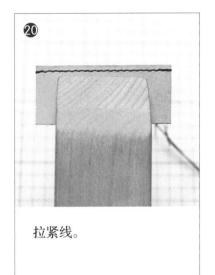

拉紧线。

㉑

用纱剪把多余的线剪掉，留1mm ~ 2mm。

㉒

用打火机把线头留出的部分烧掉。

㉓

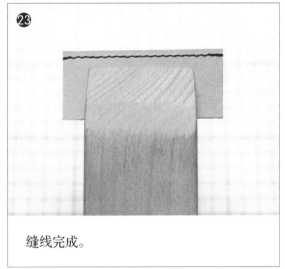

缝线完成。

注意

尼龙线需要用打火机把线头留出的部分烧掉，麻线需要用锥子蘸少量胶水把线头留出的部分塞进缝制孔里。

■ 接线

缝制时出现线材不够时需要接线继续缝制。一般来说开始缝制时要多留一些线，不推荐后续接线缝制。

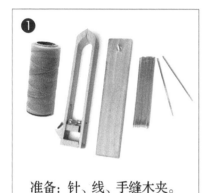

① 准备：针、线、手缝木夹。

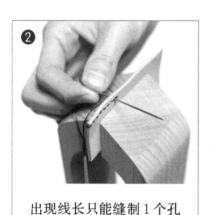

② 出现线长只能缝制 1 个孔位时，需要接线。

③ 把左侧的针从左侧穿过前一个孔位。

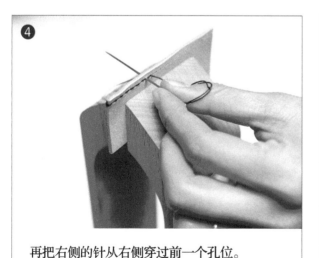

④ 再把右侧的针从右侧穿过前一个孔位。

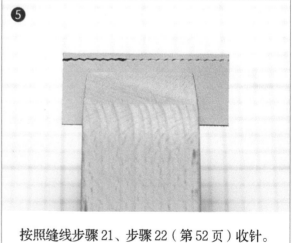

⑤ 按照缝线步骤 21、步骤 22（第 52 页）收针。

❻

按照穿线步骤穿一条新线，从收针的孔位开始继续缝制。

❼

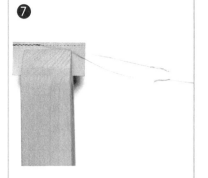

按照缝线的步骤从收针的孔位缝制到结尾，开始时不用起针。

❽

完成接线。

■ 交叉缝线

交叉缝线方法能够缝制出更突出的视觉效果。

❶

准备：针、线、手缝木夹。

❷

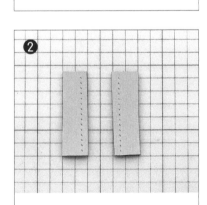

把需要缝制的两块皮革放在切割垫板上准备缝制。

❸

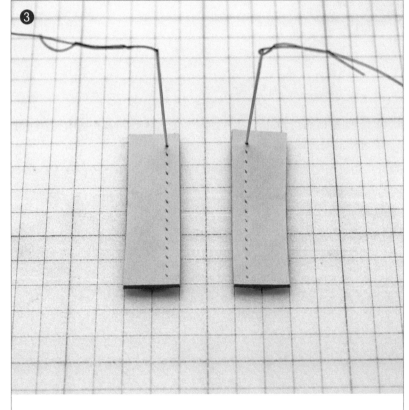

从两块皮革缝线处的第一个孔位开始缝线。

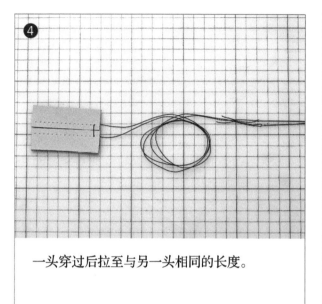

❹ 一头穿过后拉至与另一头相同的长度。

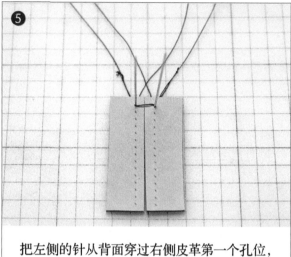

❺ 把左侧的针从背面穿过右侧皮革第一个孔位，把右侧的针从背面穿过左侧皮革第一个孔位。

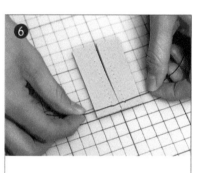

❻ 两侧穿过后拉紧线。

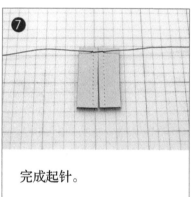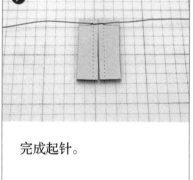

❼ 完成起针。

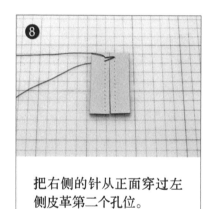

❽ 把右侧的针从正面穿过左侧皮革第二个孔位。

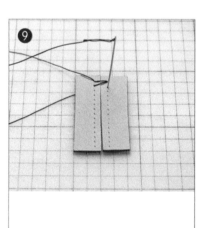

❾ 拉紧线。

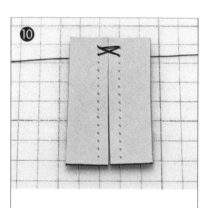

❿ 把左侧的针从正面穿过右侧皮革第二个孔位。

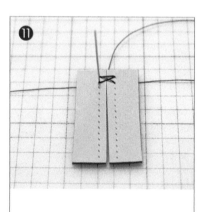

⓫ 拉紧线。

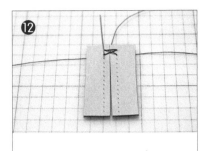

⑫ 把右侧的针从背面穿过左侧皮革第二个孔位。

⑬ 拉紧线。

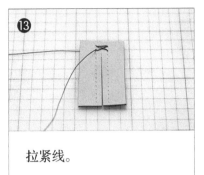

⑭ 把左侧的针从背面穿过右侧皮革第二个孔位。

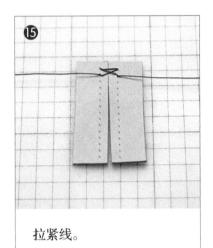

⑮ 拉紧线。

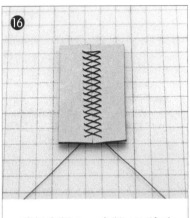

⑯ 重复步骤 8 ~ 步骤 15 到两块皮革最后一个孔位。

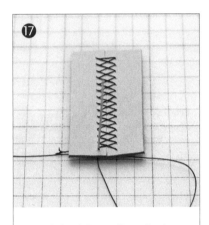

⑰ 把右侧的针从背面穿过左侧皮革最后一个孔位。

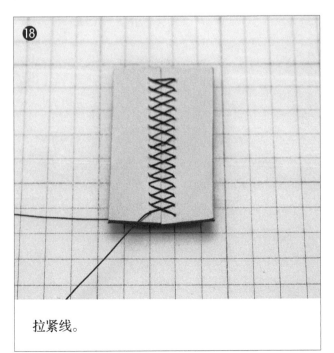

⑱ 拉紧线。

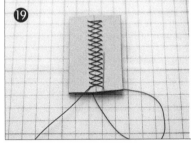

⑲ 把左侧的针从背面穿过右侧皮革最后一个孔位。

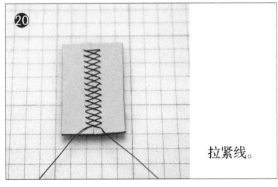

⑳ 拉紧线。

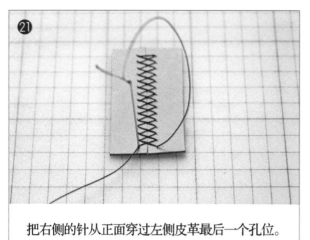

㉑ 把右侧的针从正面穿过左侧皮革最后一个孔位。

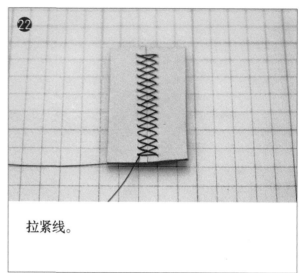

㉒ 拉紧线。

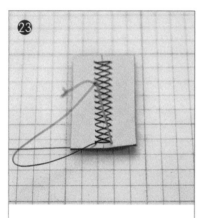

㉓ 把左侧的针从正面穿过右侧皮革最后一个孔位。

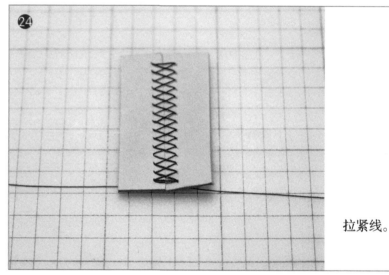

㉔ 拉紧线。

㉕ 按照缝线步骤21、步骤22（第52页）收针。

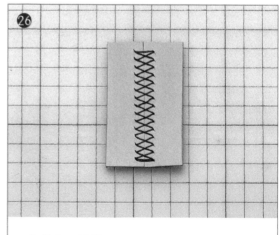

㉖ 完成交叉缝线。

3.6 上胶黏合

视情况在缝制和安装五金件之前上胶黏合。

上胶处胶水一定要少，薄薄一层即可。

❶ 准备：间距规、上胶片、皮革强力胶、夹子、生胶片。

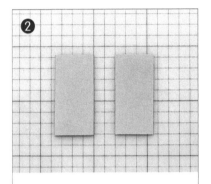

❷ 准备好2片需要黏合的皮革。

❸ 用间距规在皮革边缘划一条上胶标记线，一般距离皮革边缘5mm。

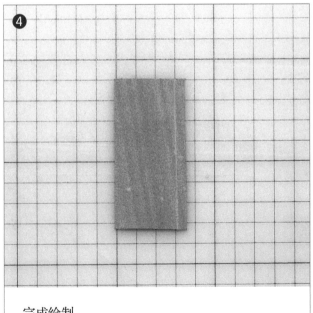

❹ 完成绘制。

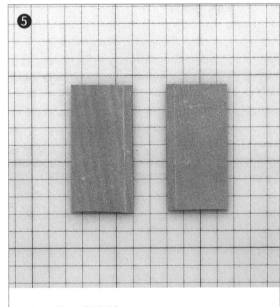

❺ 完成另一片绘制。

❻

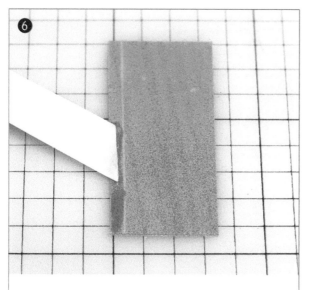

用上胶片将皮革强力胶均匀涂抹到上胶处。

❼

完成涂抹。

❽

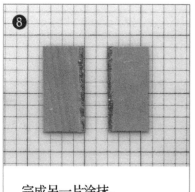

完成另一片涂抹。

❾

等胶水半干的时候对贴两块皮革。

❿

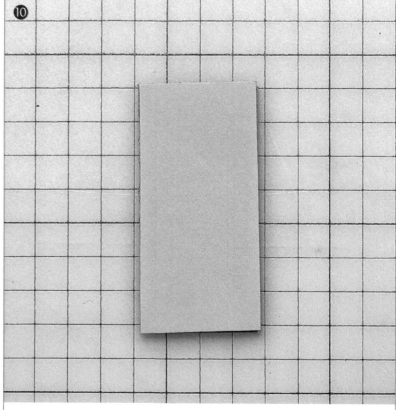

完成对贴。

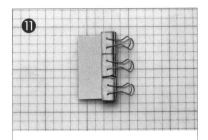

⑪ 用夹子夹实上胶部分，待胶水完全干燥后拿掉夹子。

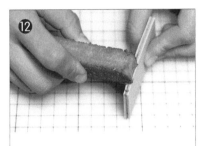

⑫ 把边缘溢出的胶水用生胶片擦净。

⑬ 上胶完成。

■ 注意

需要黏合的部分可用粗目研磨器轻轻打磨，使黏合部分起毛，增加黏合的强度。

3.7 五金件的安装

五金件有多种型号和尺寸，用来装饰和固定皮具，可根据作品的风格和大小，挑选自己喜欢的五金件。

■ 财布扣的安装

财布扣用来装饰皮具，起到画龙点睛的作用。

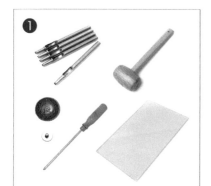

准备：财布扣、圆冲、锤子、打孔胶板、改锥。

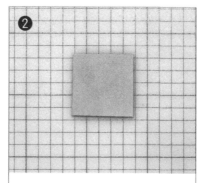

把皮革放在打孔胶板上。

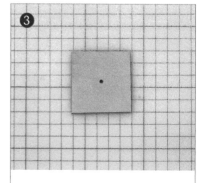

在需要安装的位置，用3.5mm圆冲垂直于皮面打孔。

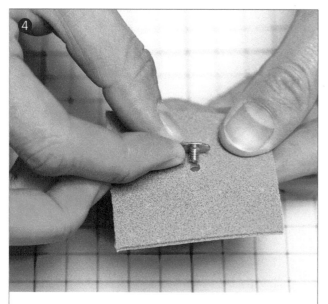

把财布扣配套螺丝放进皮子背面。

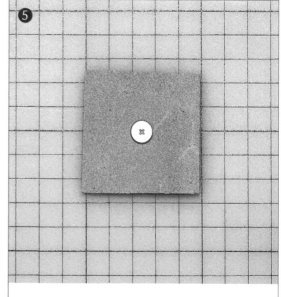

完成放置。

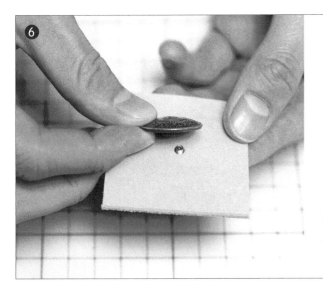

⑥ 把财布扣
放在螺丝
上面。

⑦ 完成放置。

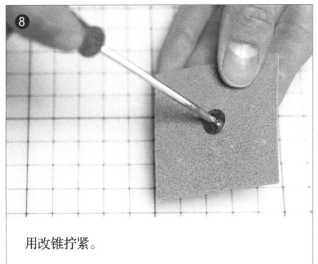

⑧ 用改锥拧紧。

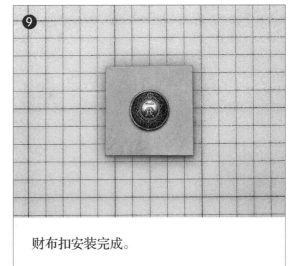

⑨ 财布扣安装完成。

注意

此安装技巧适
用于各种带螺
丝的五金件。

■ 四合扣的安装

需购买和四合扣型号配套的四合扣安装冲子和底座去安装。

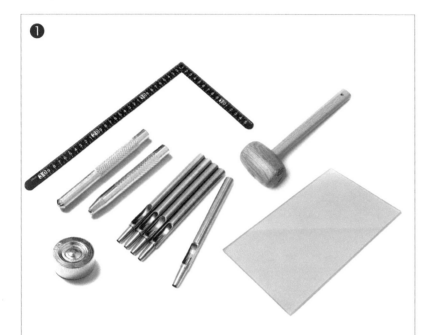

准备：四合扣（见②）、直角尺，圆冲、四合扣安装冲子（细头、粗头）、锤子、四合扣安装底座、打孔胶板。

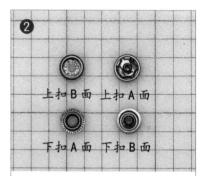

上扣B面　上扣A面

下扣A面　下扣B面

用201型四合扣做示范。

把皮革放在打孔胶板上。

在需要安装的位置，用3.5mm圆冲垂直于皮面打孔。

把上扣A面放在四合扣安装底座正面。

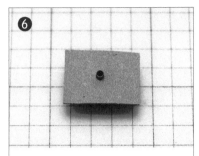

❻ 将上扣 A 面穿过打孔的皮料。

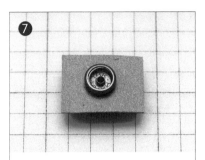

❼ 把上扣 B 面套在上扣 A 面上。

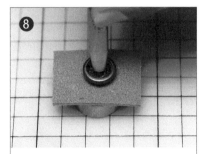

❽ 用细头的四合扣安装冲子对准突出部分，用锤子击打敲紧。

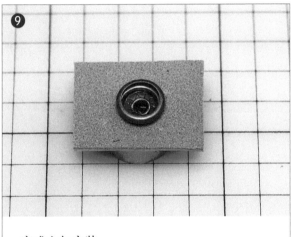

❾ 完成上扣安装。

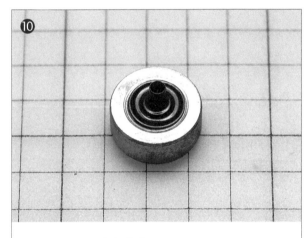

❿ 把下扣 B 面放在底座反面。

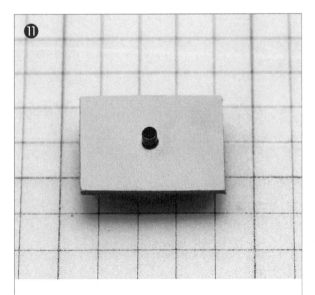

⓫ 将下扣 B 面穿过打孔的皮料。

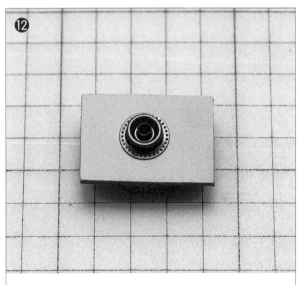

⓬ 把下扣 A 面套在 B 面上。

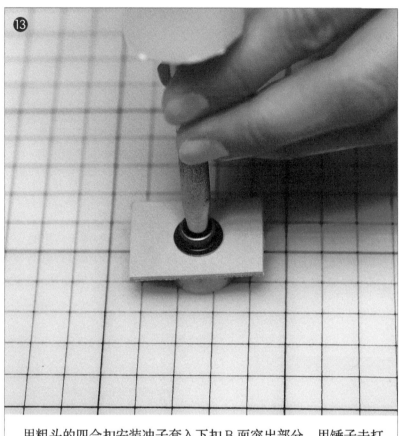

⑬

用粗头的四合扣安装冲子套入下扣 B 面突出部分，用锤子击打敲紧。

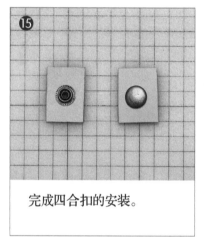

⑭

完成下扣安装。

⑮

完成四合扣的安装。

注意

财布扣可以与四合扣结合，只需把上扣 A 面替换成财布扣，把螺丝放进上扣 B 面，并拧紧。

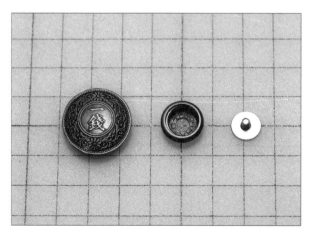

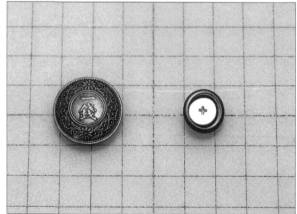

■ 拉链的安装

购买成卷的拉链需自己安装。

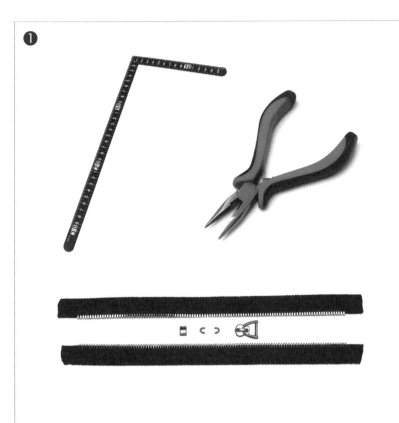

准备：拉链、直角尺、拉头、上下止、钳子。

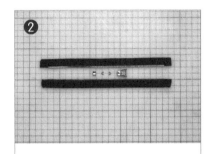

用直角尺量好需要使用的拉链长度，两端再各留出 1cm ~ 2cm。

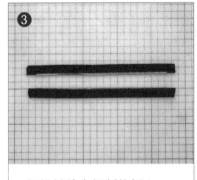

把拉链放在切割垫板上。

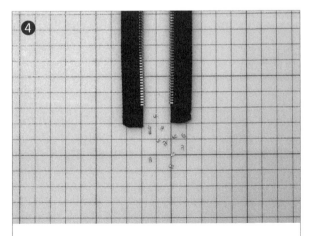

用钳子将两端留出部分的拉链齿剪掉。

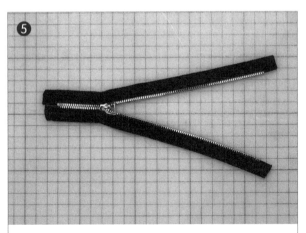

从尾部将拉头装入拉链。

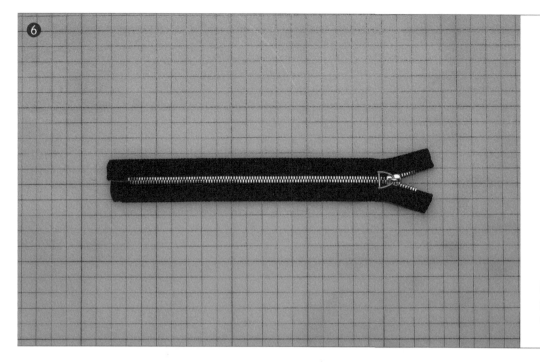

❻

把拉链拉上一部分。

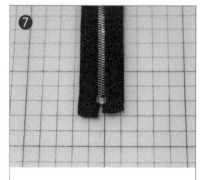

❼

把下止放于拉上的一端。

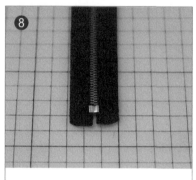

❽

用钳子将下止压实。

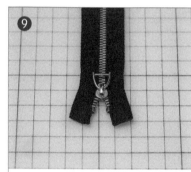

❾

将两个上止放于开口一端。

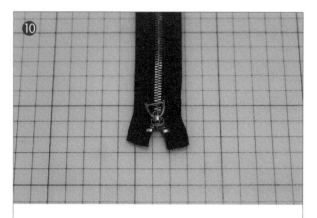

❿

用钳子将上止压实。

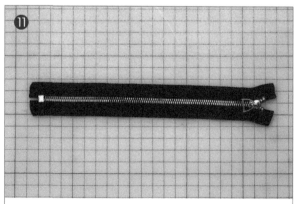

⓫

完成拉链的安装。

&

第四章
皮具作品制作

4.1 手环

小巧实用。（难易度★）

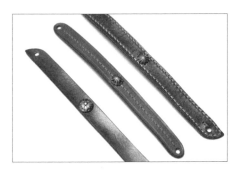

■ 板型

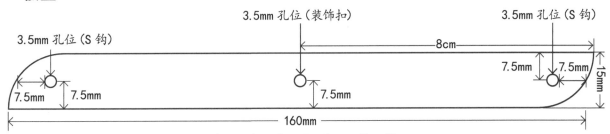

3.5mm 孔位（S 钩）

3.5mm 孔位（装饰扣）

3.5mm 孔位（S 钩）

8cm

7.5mm   7.5mm

15mm

7.5mm   7.5mm

7.5mm

160mm

（注：可根据个人需要自行调整尺寸）

■ 准备

1）工具及耗材：貂油膏、床面处理剂、酒精基染料、棉签、切割垫板、打孔胶板、美工刀、直尺、锥子、削边器、研磨器、打磨棒、锤子、圆冲。

2）五金件：菊花扣 1 个、S 钩 1 个。

■ 步骤

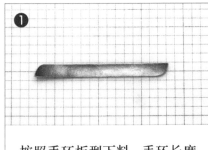

❶ 按照手环板型下料，手环长度要比手围短 1cm 左右（参考上面板型调整适合自己的尺寸）。

❷ 对皮料正面进行处理，均匀涂上貂油膏（1 片）。

❸ 对皮料背面进行处理，均匀涂上床面处理剂（1 片）。

❹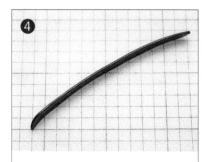

对皮料边缘进行处理，打磨、上色、封边。

❺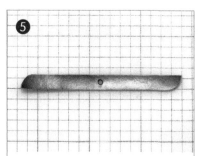

对皮料进行打孔。在手环中央打一个直径3.5mm的孔。

❻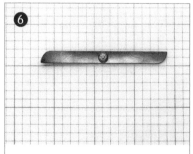

对皮料进行五金件安装。在孔内安装菊花扣。

❼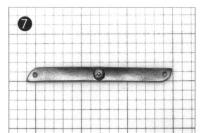

再对皮料进行打孔。在手环两端各打1个直径3.5mm的孔。

❾

完成手环制作。

❽

对皮料进行五金件安装。在其中一端的孔内安装S钩。

4.2 皮铃铛

体验简单塑形。（难易度★★）

■ 板型

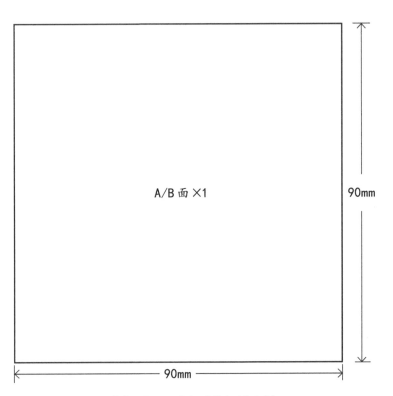

（放入 35mm 直径的铃铛模具中）

■ 准备

1）工具及耗材：酒精基染料、胶水、棉签、切割垫板、打孔胶板、美工刀、直尺、锥子、削边器、研磨器、打磨棒、锤子、圆冲、夹子、铃铛模具、G字夹喷壶。

2）五金件：小铃铛1个、带圈和尚头1个、钥匙圈1个。

注：本案例中会出现皮革下料后的A面和B面、铃铛模具A和模具C、皮革塑形好后的铃铛A面和铃铛B面。每一组的多个材料形式相同，编号是为了制作和讲解时更加清晰，选中其中一个编为A，另外的自动为B或C。本书其他案例如有同种情况，同理。

■ 步骤

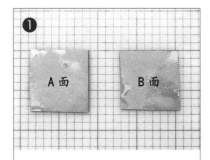

❶ 按照铃铛板型下料，用喷壶将皮料打湿（参考第72页板型）。

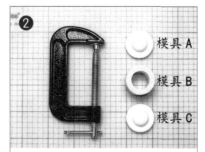

❷ 准备铃铛模具与G字夹。

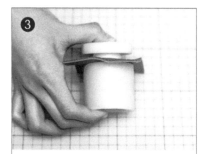

❸ 将皮料A面放在铃铛模具A与B的中间，注意四周的余量。

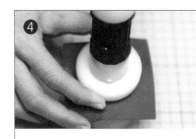

❹ 用锤子敲击铃铛模具A，塑形皮料。

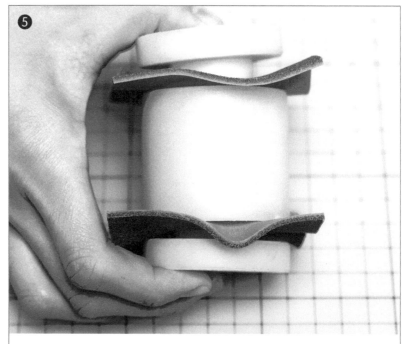

❺ 将皮料B面放在铃铛模具B与C的中间，注意四周的余量。

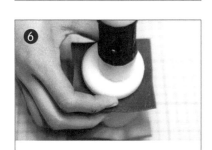

❻ 用锤子敲击铃铛模具C，塑形皮料。

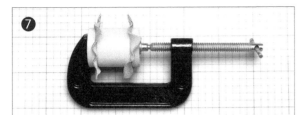

❼ 用 G 字夹夹紧铃铛模具，静置 2 天以上。

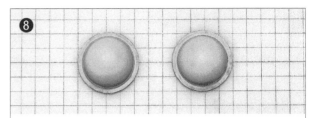

❽ 把塑好型的皮料从铃铛模具上取下。修整边缘形状，整体剪成圆形。其中一个定为铃铛 A 面另一个为铃铛 B 面。

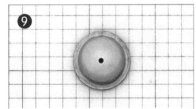

❾ 对铃铛 A 面进行打孔。在中心位置打一个直径 3.5mm 的孔。

❿ 对铃铛 A 面进行五金件安装。在孔内安装带圈和尚头，钥匙圈安到和尚头圈内。

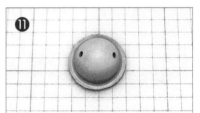

⓫ 对铃铛 B 面进行打孔。如图位置打 2 个直径 3.5mm 的孔。

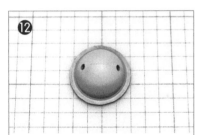

⓬ 将铃铛 B 面进行切割处理。两孔之间切一条直线。

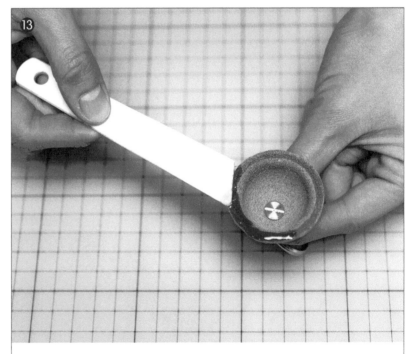

⓭ 将铃铛 A 面进行上胶处理。在铃铛 A 面的边缘处上胶。

⓮ 将铃铛 B 面进行上胶处理。在铃铛 B 面的边缘处上胶。

⑮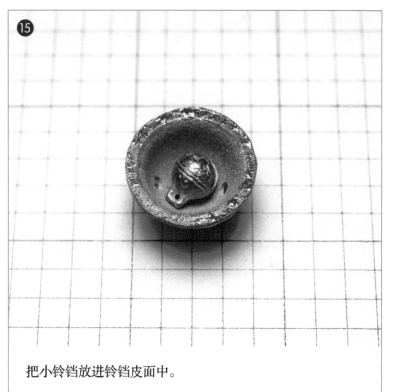

把小铃铛放进铃铛皮面中。

⑯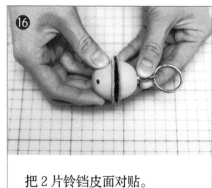

把2片铃铛皮面对贴。

⑰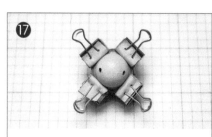

皮面贴合后用夹子夹紧四周。

⑱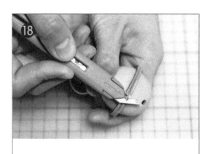

待胶水干燥后把夹子拿掉，用美工刀把贴合处边缘削圆滑。

⑳

完成皮铃铛制作。

⑲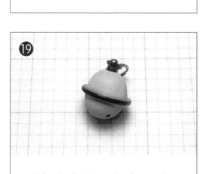

进行边缘处理，打磨、上色、封边。

4.3 卡包

小巧实用，可放多张卡片。（难易度★★）

■ 板型

见拉页1（正面）。

■ 准备

1）工具及耗材：貂油膏、床面处理剂、酒精基染料、棉签、切割垫板、打孔胶板、美工刀、直尺、锥子、锤子、削边器、研磨器、打磨棒、圆冲、间距规、菱斩、手缝针、蜡线、夹子。

2）五金件：菊花扣1个。

■ 步骤

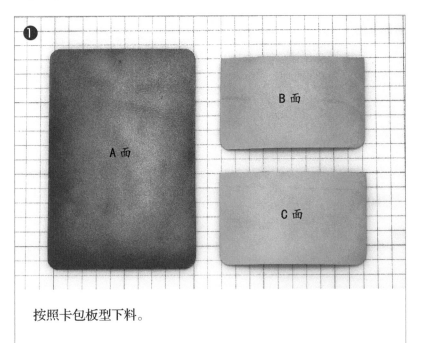

❶ 按照卡包板型下料。

❷ 对皮料正面进行处理，均匀涂上貂油膏（3片）。

❸ 对皮料背面进行处理，均匀涂上床面处理剂（3片）。

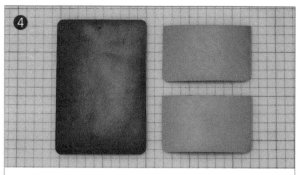

4 对卡包B面和C面边缘进行处理，打磨、上色、封边。

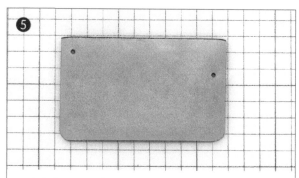

5 对卡包B面进行打孔，根据板型示意打2个直径2mm的孔。

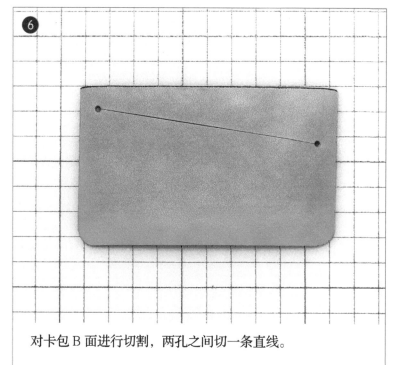

6 对卡包B面进行切割，两孔之间切一条直线。

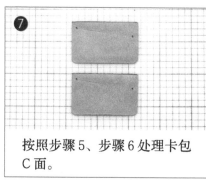

7 按照步骤5、步骤6处理卡包C面。

8 对卡包B面和C面进行打斩处理。

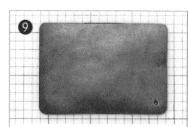

9 对卡包A面边缘进行处理，打磨、上色、封边。再对卡包A面进行打孔，按板型示意打一个直径3.5mm的孔。

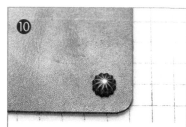

10 在打好的孔上安装菊花扣。

11 对卡包A面进行打斩。位置如图。

⑫

将卡包 B 面与 A 面进行缝制。开始起针。

⑬

如图结束缝制。

⑭

按照步骤 12、步骤 13 处理卡包 C 面与 A 面的缝制。

⑯

完成卡包制作。

⑮

对卡包整体边缘进行处理，打磨、上色、封边。

4.4 信封包

经典信封包板型，可放下宽度小于 18.33cm（5.5 英寸）的手机。（难易度★★）

■ 板型

见拉页 1（正面）。

■ 准备

1）工具及耗材：貂油膏、床面处理剂、酒精基染料、棉签、切割垫板、打孔胶板、美工刀、直尺、锥子、锤子、削边器、研磨器、打磨棒、圆冲、间距规、菱斩、手缝针、蜡线。

2）五金件：8mm 和尚头 1 个。

■ 步骤

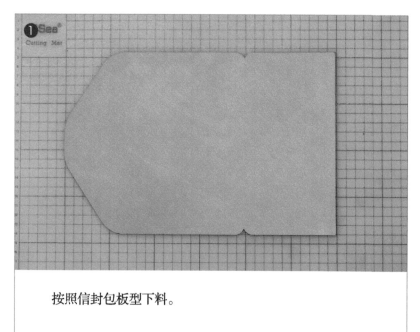

按照信封包板型下料。

对皮料背面进行处理，均匀涂上床面处理剂（1 片）。

对皮料正面进行处理，均匀涂上貂油膏（1 片）。

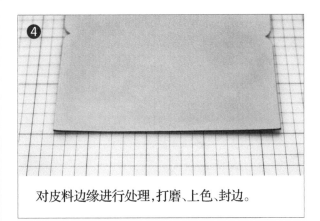

④ 对皮料边缘进行处理，打磨、上色、封边。

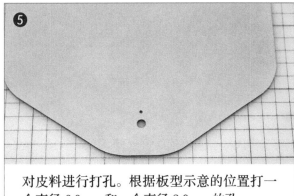

⑤ 对皮料进行打孔。根据板型示意的位置打一个直径 6.0mm 和一个直径 2.0mm 的孔。

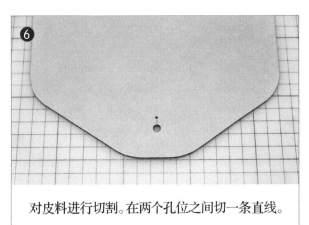

⑥ 对皮料进行切割。在两个孔位之间切一条直线。

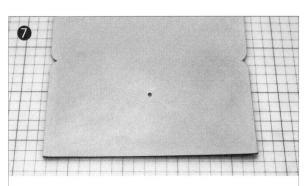

⑦ 再对皮料进行打孔。在板型示意的位置打一个直径 3.5mm 的孔。

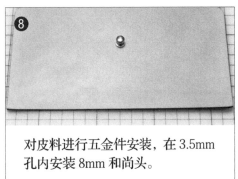

⑧ 对皮料进行五金件安装，在 3.5mm 孔内安装 8mm 和尚头。

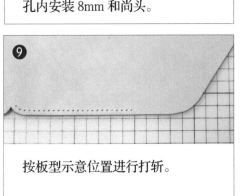

⑨ 按板型示意位置进行打斩。

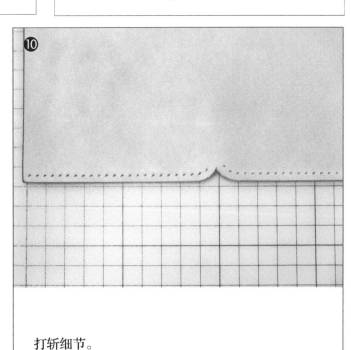

⑩ 打斩细节。

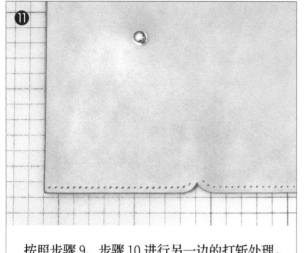

⓫ 按照步骤9、步骤10进行另一边的打斩处理。

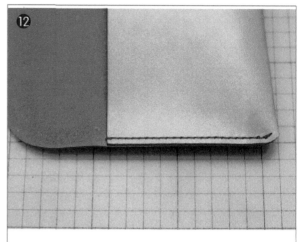

⓬ 对皮料进行缝制。从内侧的边缘开始起针。

⓭ 按照步骤12进行另一边的缝制。

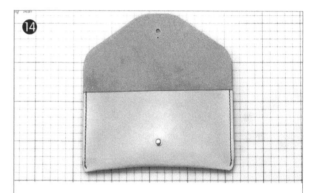

⓮ 对皮料边缘进行处理，打磨、上色、封边。
完成信封包制作。

4.5 眼镜盒

保护眼镜，方便携带。（难易度★★）

■ 板型

见拉页1（正面）。

■ 准备

1）工具及耗材：貂油膏、床面处理剂、酒精基染料、棉签、切割垫板、打孔胶板、美工刀、直尺、锥子、锤子、削边器、研磨器、打磨棒、圆冲、间距规、菱斩、手缝针、蜡线。

2）五金件：四合扣1个、铆钉2个。

■ 步骤

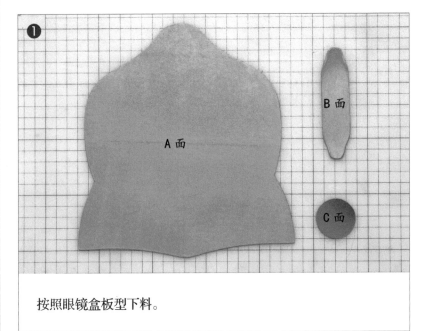

❶ 按照眼镜盒板型下料。

❷ 对皮料正面进行处理，均匀涂上貂油膏（3片）。

❸ 对皮料背面进行处理，均匀涂上床面处理剂（3片）。

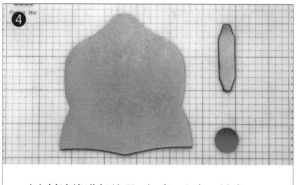

❹ 对皮料边缘进行处理，打磨、上色、封边。

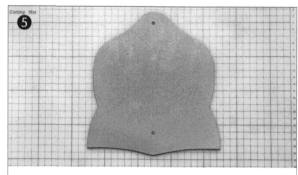

❺ 对 A 面进行打孔。按板型上的示意打 2 个直径 4mm 的孔。

❻ 对 A 面进行五金件安装，在孔内安装四合扣，注意方向。

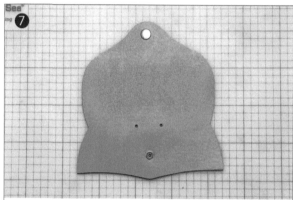

❼ 对 A 面进行打孔。按板型示意打 2 个直径 2.5mm 的孔。

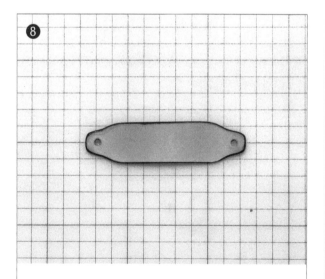

❽ 对 B 面进行打孔，按板型示意打 2 个直径 2.5mm 的孔。

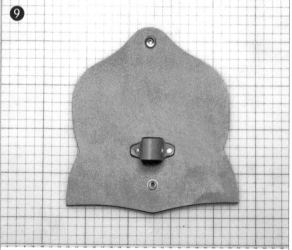

❾ 将 A 面与 B 面组装根据板型示意，在相应孔位安装四合扣和铆钉。

根据板型示意进行打斩。

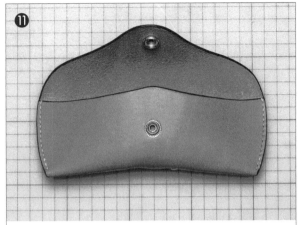

对皮料进行缝制。从此图的上侧往下侧缝制。

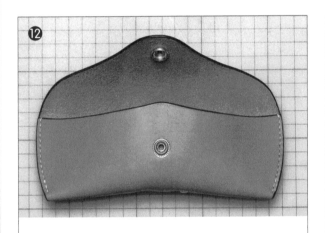

对皮料边缘进行处理,打磨、上色、封边。

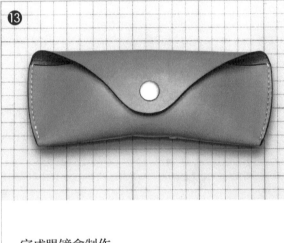

完成眼镜盒制作。

4.6 短夹

经典的钱包板型，卡位可根据自己的需求更改。（难易度★★★）

■ 板型

见拉页 1（反面）。

■ 准备

1）工具及耗材：貂油膏、床面处理剂、酒精基染料、棉签、切割垫板、打孔胶板、美工刀、直尺、锥子、锤子、削边器、研磨器、打磨棒、圆冲、间距规、菱斩、手缝针、蜡线。

2）五金件：绿松石银扣 1 个。

■ 步骤

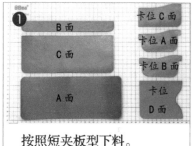

❶ 按照短夹板型下料。

❷ 对皮料正面进行处理，均匀涂上貂油膏（7 片）。

❸ 对皮料背面进行处理，均匀涂上床面处理剂（7 片）。

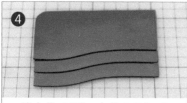

❹ 将卡位 A 面、卡位 B 面、卡位 C 面的边缘进行处理，打磨、上色、封边。

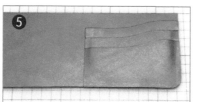

❺ 将 3 个卡位对齐 C 面右下边缘，定位卡位。

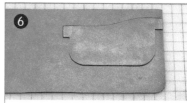

❻ 留下卡位 A 面。注意避免移动。

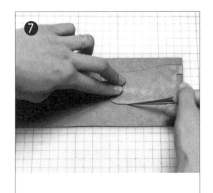

在卡位 A 面下用锥子划出标记线定位。

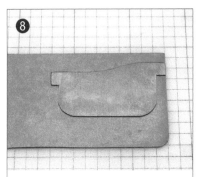

将卡位 A 面上胶，把卡位粘在标记线处。

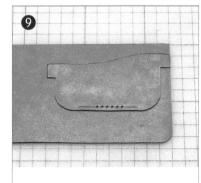

在卡位 A 面底边打斩。

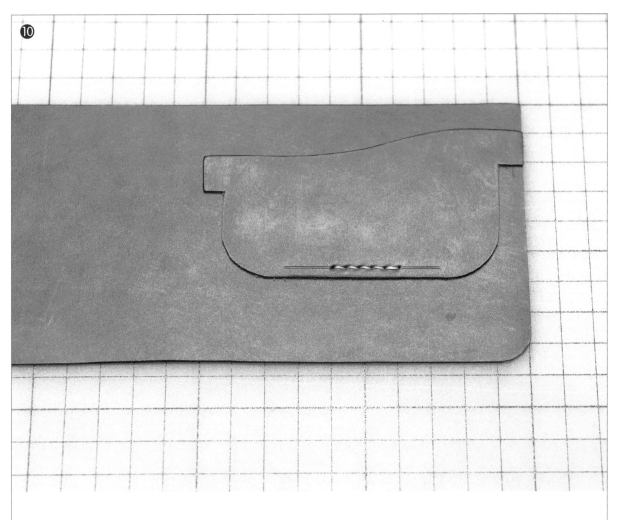

进行缝制，从左侧开始起针，右侧结束缝制。

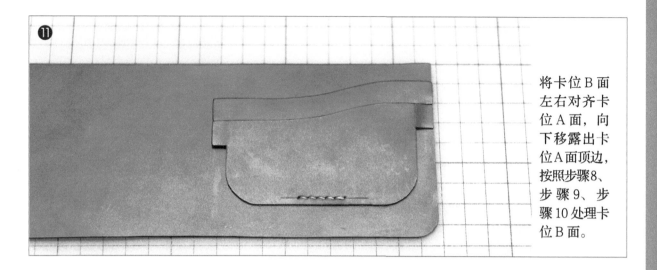

⓫ 将卡位 B 面左右对齐卡位 A 面，向下移露出卡位 A 面顶边，按照步骤8、步骤9、步骤10处理卡位 B 面。

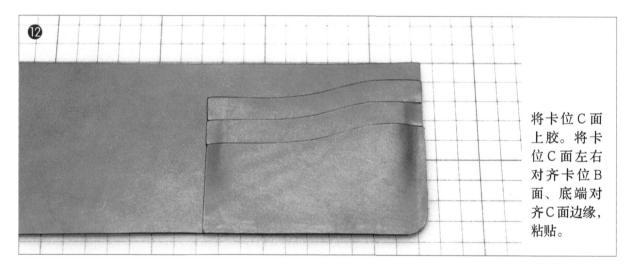

⓬ 将卡位 C 面上胶。将卡位 C 面左右对齐卡位 B 面、底端对齐 C 面边缘，粘贴。

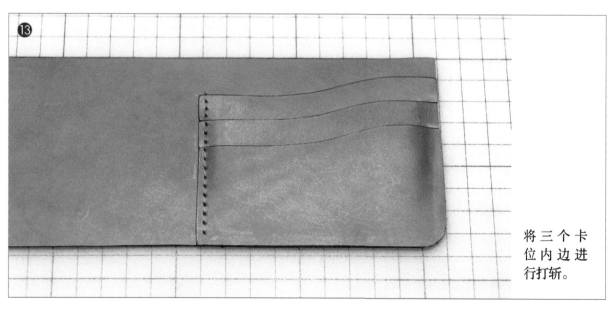

⓭ 将三个卡位内边进行打斩。

将三个卡位内边进行缝制，从上侧开始起针，下侧结束缝制。

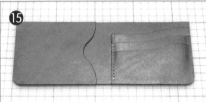

将卡位D面上胶，把卡位D面对齐C面左边，粘贴。

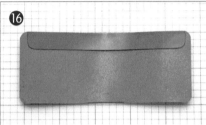

将B面上胶，把B面上边对齐A面皮料反面上边，粘贴。

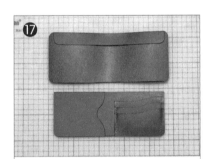

将目前的两部分进行边缘处理，打磨、上色、封边。

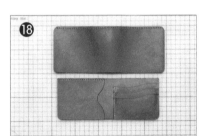

将A面、B面贴合的上边和C面、卡位D面贴合的上边进行打斩。

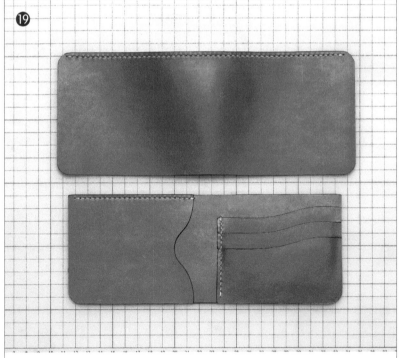

进行缝制。两面打斩均从右侧开始起针，左侧结束缝制。

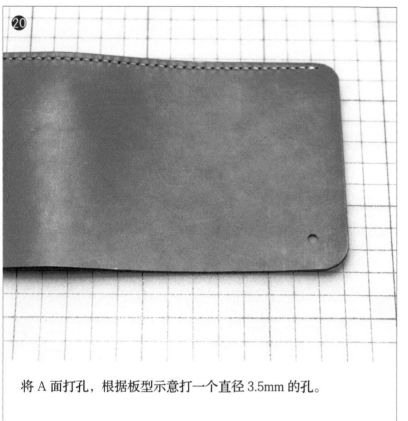

将 A 面打孔，根据板型示意打一个直径 3.5mm 的孔。

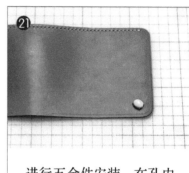

进行五金件安装。在孔内安装绿松石银扣。

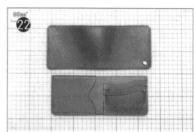

将 A 面和 C 面剩下的三边进行打斩。

将 A 面和 C 面缝合。缝合位置见图，从两侧开始起针，中间结束缝制。

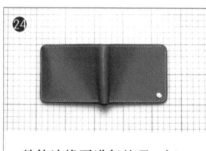

整体边缘再进行处理，打磨、上色、封边。

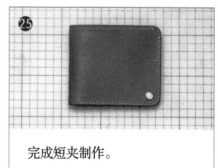

完成短夹制作。

4.7 手账本

可在外侧挂笔，内侧放名片票据。（难易度★★★）

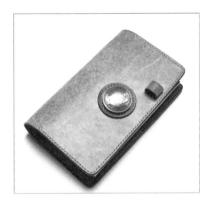

■ 板型

见拉页1（反面）。

■ 准备

1）工具及耗材：貂油膏、床面处理剂、酒精基染料、棉签、切割垫板、打孔胶板、美工刀、直尺、锥子、锤子、削边器、研磨器、打磨棒、圆冲、间距规、菱斩、手缝针、蜡线。

2）五金件：财布扣1个，活页夹1个。

■ 步骤

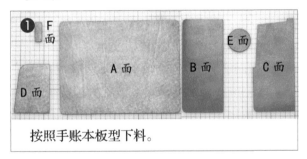

按照手账本板型下料。

对皮料正面进行处理，均匀涂上貂油膏（6片）。

对皮料背面进行处理，均匀涂上床面处理剂（6片）。

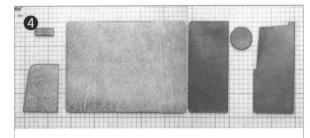

对皮料边缘进行处理，打磨、上色、封边。

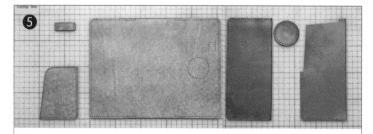

⑤ 将皮料打斩。打斩位置如图所示。

⑥ 将 E 面打孔，在中心位置打一个直径 3.5mm 的孔。

⑦ 进行五金件安装。在 E 面孔内安装财布扣。

⑧ 进行缝制。把 E 面、F 面分别与 A 面进行缝合。

⑨ 进行缝制。将 B 面与 A 面进行缝合。B 面缝合在 A 面安装装饰扣的那侧，A 面与 B 面是背面相对。

⑩ 进行缝制。将 C 面、D 面缝合于 A 面另一侧。

⑪ 进行打孔。在 A 面中间打 2 个 4mm 的孔，具体位置见板型标注。

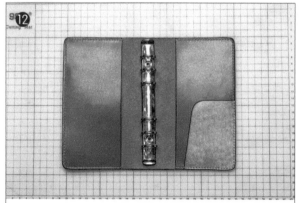

⑫ 进行五金件安装。在 A 面孔内安装活页夹。

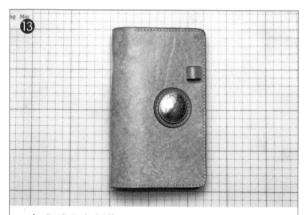

⑬ 完成手账本制作。

4.8 长夹

多卡位，且可放下宽度小于 18.33cm（5.5 英寸）的手机。（难易度★★★★）

■ 板型

见拉页 2（正面）。

■ 准备

1）工具及耗材：貂油膏、床面处理剂、酒精基染料、棉签、切割垫板、打孔胶板、美工刀、直尺、锥子、锤子、削边器、研磨器、打磨棒、圆冲、间距规、菱斩、手缝针、蜡线。

2）五金件：财布扣 1 个，四合扣 1 个。

■ 步骤

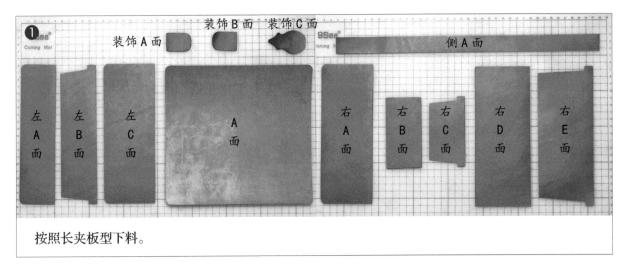

❶ 按照长夹板型下料。

❷ 对皮料正面进行处理，均匀涂上貂油膏（13 片）。

❸ 对皮料背面进行处理，均匀涂上床面处理剂（13 片）。

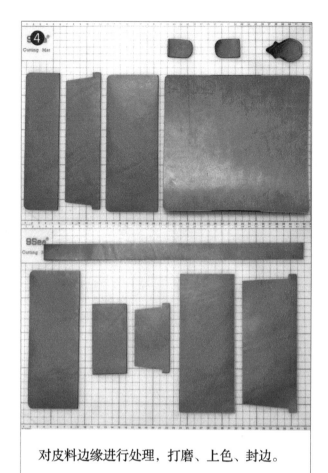

对皮料边缘进行处理，打磨、上色、封边。

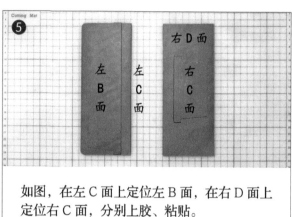

如图，在左 C 面上定位左 B 面，在右 D 面上定位右 C 面，分别上胶、粘贴。

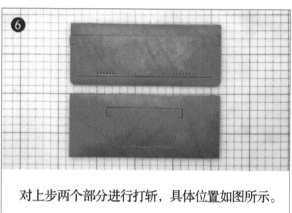

对上步两个部分进行打斩，具体位置如图所示。

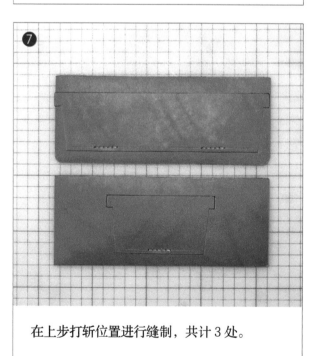

在上步打斩位置进行缝制，共计 3 处。

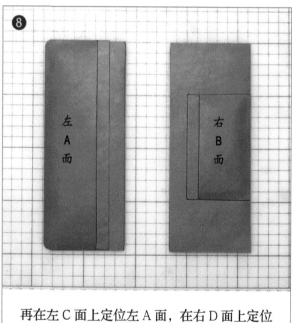

再在左 C 面上定位左 A 面，在右 D 面上定位右 B 面，分别进行上胶、粘贴。

9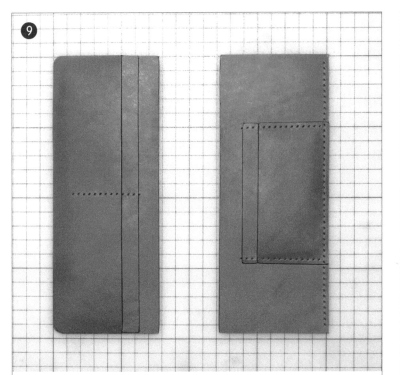

在如图所示位置进行打斩，共计 4 处。

10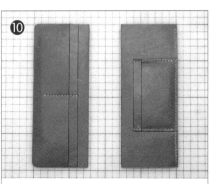

在上步打斩位置进行缝制，共计 4 处。

11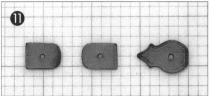

在装饰 A 面、装饰 B 面、装饰 C 面上进行打孔，打 3 个直径 3.5mm 的孔，具体位置见板型标注。

12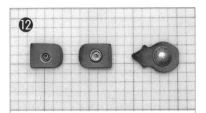

进行五金件安装。在装饰 A 面、装饰 B 面、装饰 C 面的孔内分别安装财布扣和四合扣，如图。

13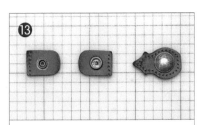

在如图所示位置进行打斩，共计 3 处。

14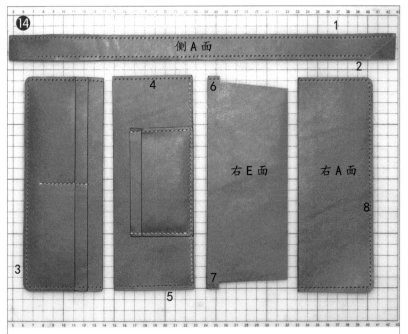

进行打斩，共计 8 处，如图。

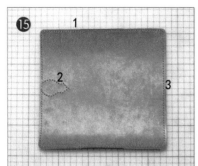

⑮ 将 A 面进行打斩，共计 3 处。第 2 处要比板型所示的装饰 C 的外轮廓向内缩 3mm ~ 5mm。

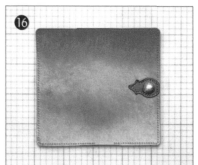

⑯ 进行缝制。把装饰 C 面与 A 面进行缝合。

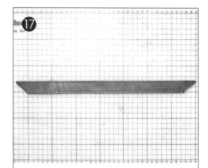

⑰ 将侧 A 面两端进行切割，如图所示。

⑱ 进行缝制。把装饰 A 面和左侧卡位进行缝合，再把 A 面与左卡位进行缝合。右侧结构较多，先将右 E 面与右 D 面缝合，将右 A 面与右 D 面缝合，最后将装饰 B 面和整个右侧卡位缝合到 A 面上。

⑲ 整体进行边缘处理，打磨、上色、封边。

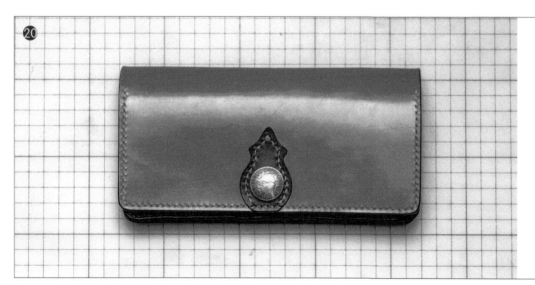

⑳ 完成长夹制作。

4.9 腰包

（难易度★★★★★）

■ 板型

见拉页 2（反面）。

■ 准备

1）工具及耗材：貂油膏、床面处理剂、酒精基染料、棉签、切割垫板、打孔胶板、美工刀、直尺、锥子、锤子、削边器、研磨器、打磨棒、圆冲、间距规、菱斩、手缝针、蜡线。

2）五金件：和尚头 2 个、皮带螺丝 5 个。

3）其他：羊皮 1 块、义眼 1 个。

注：本示范义眼选用了直径 29mm 的。小块羊皮用于固定义眼，其大小根据所需选用即可。

■ 步骤

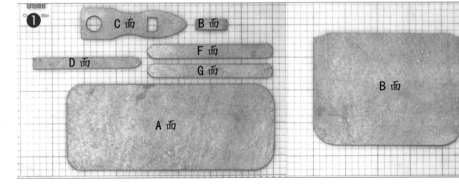

按照腰包板型下料。

对皮料正面进行处理，均匀涂上貂油膏（7 片）。

对皮料背面进行处理，均匀涂上床面处理剂（7 片）。

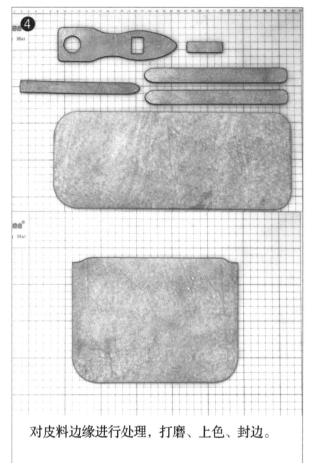

④

对皮料边缘进行处理，打磨、上色、封边。

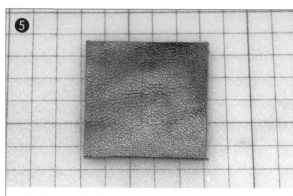

⑤

将小块羊皮进行切割。在中央位置割一条直线（长27mm）。

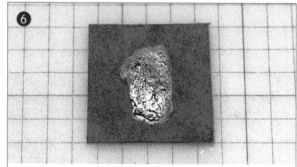

⑥

进行上胶。将胶均匀涂抹到小羊皮背面以刻线为中心的周围的圆形区域。

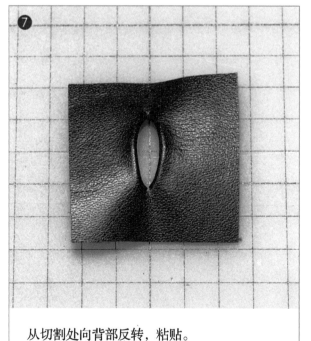

⑦

从切割处向背部反转，粘贴。

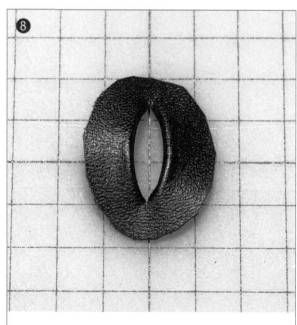

⑧

进行切割处理。切割掉多余部分，如图。

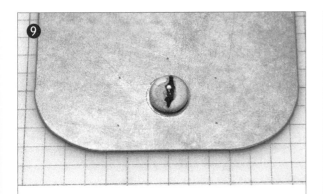

⑨ 进行上胶。将义眼粘贴于A面义眼位（见板型标注）。

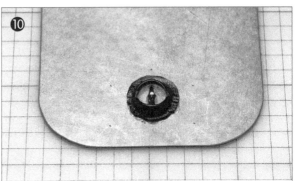

⑩ 把小块羊皮对齐义眼，包裹住义眼的同时与A面粘贴。

⑪ 将C面圆形镂空处对齐义眼，同时与A面粘贴。

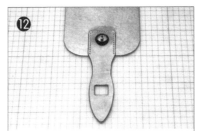

⑫ 将C面与A面的贴合处边缘进行打斩处理。

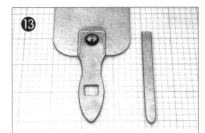

⑬ 进行缝制处理。将C面与A面进行缝合。

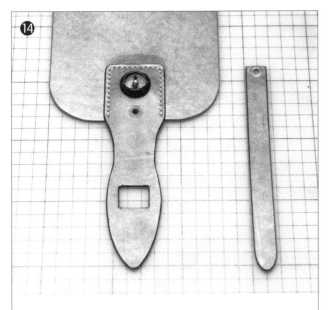

⑭ 对C面和D面打孔，分别按板型示意打2个直径2.5mm的孔。

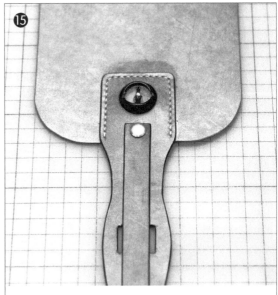

⑮ 进行五金件安装。在刚才的孔位安装皮带螺丝同时把C面与D面组合。

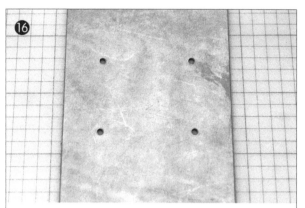

⑯ 进行打孔。将A面按板型示意打4个直径4.0mm的孔。

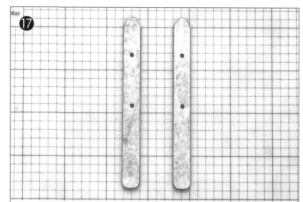

⑰ 将F面和G面打孔，按板型示意打4个直径4.0mm的孔。

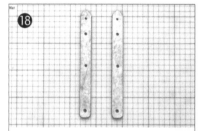

⑱ 按板型示意在F面和G面一端各打1个直径3.0mm的孔，另一端各打1个直径5.0mm的孔。

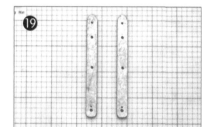

⑲ 在F面和G面5mm孔上方再各打1个直径2.0mm的孔。

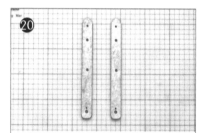

⑳ 进行切割处理。F面和G面2mm孔与5mm孔之间切一条直线。

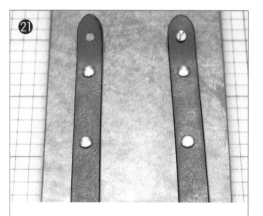

㉑ 进行五金件安装。将F面和G面分别组合到A面上，F面和G面的4mm孔位分别对齐A面上的4个孔（如图所示）。4组4mm孔安装4个皮带螺丝。F面和G面上方的3mm孔安装2个和尚头。

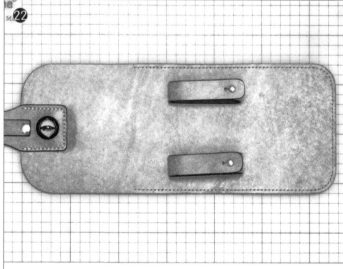

㉒ 进行打斩。在A面边缘打斩，位置参见板型示意。

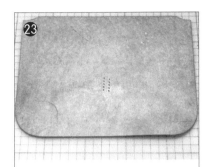

㉓ 将 B 面按板型示意进行打斩，共计 2 处。

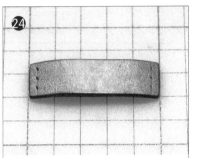

㉔ 将 E 面按板型示意进行打斩，共计 2 处。

㉕ 进行缝制。把 B 面与 E 面进行缝合。

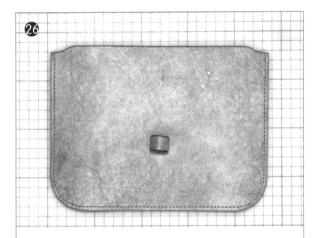

㉖ 将 B 面三边进行打斩，如图。

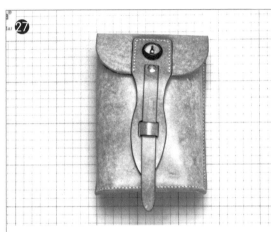

㉗ 进行缝制。把 A 面与 B 面进行缝合。

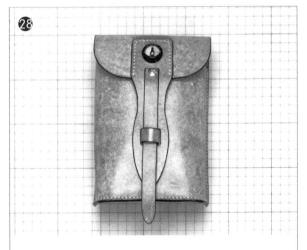

㉘ 整体边缘进行处理，打磨、上色、封边。

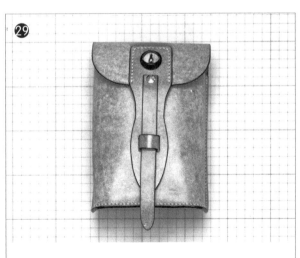

㉙ 完成腰包制作。

4.10 水桶包

（难易度★★★★★）

■ 板型

见拉页 2（反面）及拉页 3。

■ 准备

1）工具及耗材：貂油膏、床面处理剂、酒精基染料、棉签、切割垫板、打孔胶板、美工刀、直尺、锥子、锤子、削边器、研磨器、打磨棒、圆冲、间距规、菱斩、手缝针、蜡线。

2）五金件：皮带螺丝 8 个、脚钉 4 个、日字环 4 个。

3）其他：绣片 1 个、皮绳。

■ 步骤

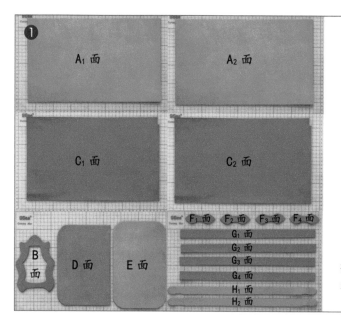

按照水桶包板型下料。

对皮料正面进行处理，均匀涂上貂油膏（7片）。

对皮料背面进行处理，均匀涂上床面处理剂（7片）。

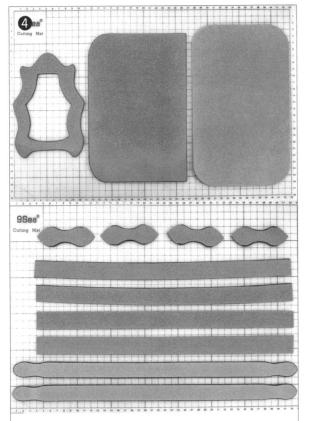

对皮料进行边缘处理，打磨、上色、封边。

把4个日字环套入 F_1 面 ~ F_4 面，将 F_1 面 ~ F_4 面进行上胶，折叠对贴。

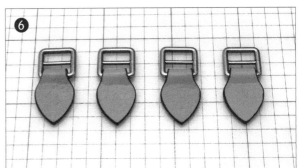

将组装后的 F_1 面 ~ F_4 面边缘再进行处理，打磨、上色、封边。

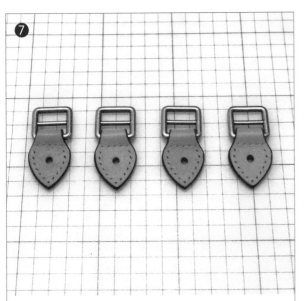

将 F_1 面 ~ F_4 面进行打斩和打孔。再在 F_1 面 ~ F_4 面各打1个直径4.0mm的孔，注意4个孔位置要统一。

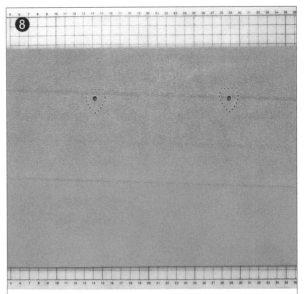

对 A_1 面、A_2 面进行打斩和打孔，注意比对 F_1 面 ~ F_4 面上的打斩位置和孔位。

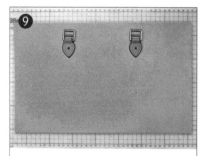

进行缝制，把 A_1 面、A_2 面分别与和 F_3 面、F_4 面进行缝合。

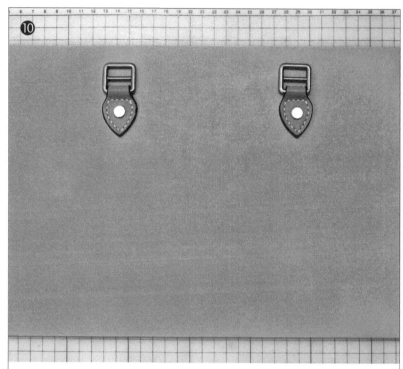

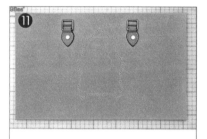

对 A_1 面与 B 面贴合的位置进行打斩。位置于整个 A_1 面居中，形态同 B 面，大小是 B 面轮廓向内缩 4mm ~ 5mm。

进行五金件安装。在 A 面与 F 面贴合的孔位安装 4mm 皮带螺丝，共 4 个。

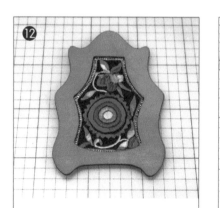

进行上胶。将 B 面与绣片调整好位置后进行粘贴。

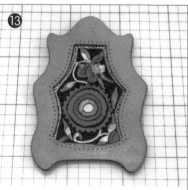

将 B 面内边缘进行打斩。

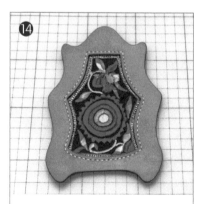

进行缝制。把 B 面与绣片进行缝合。

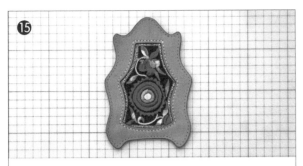

⓯ 将 B 面外边缘进行打斩。

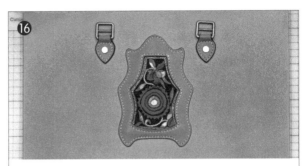

⓰ 进行上胶。将 A_1 面与 B 面调整好位置后进行粘贴。

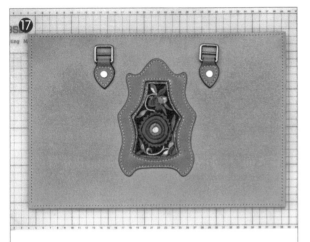

⓱ 进行缝制。把 A_1 面与 B 面进行缝合。

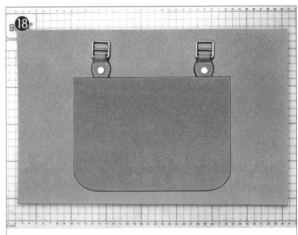

⓲ 进行上胶。把 A_2 面与 D 面进行粘贴。D 面位置大致如图所示即可。

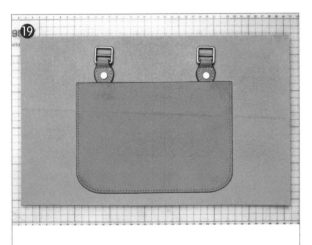

⓳ 沿 D 面下三边打斩。

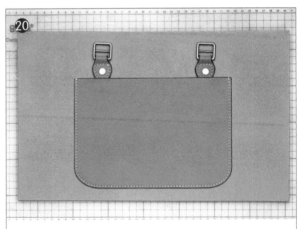

⓴ 进行缝制。把 A_2 面与 D 面进行缝合。

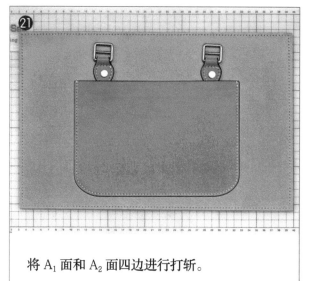

将 A$_1$ 面和 A$_2$ 面四边进行打斩。

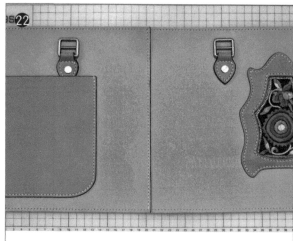

进行缝制。把 A$_1$ 面的左侧与 A$_2$ 面的右侧进行缝合。

进行缝制。把 A$_1$ 面的右侧与 A$_2$ 面的左侧进行缝合。

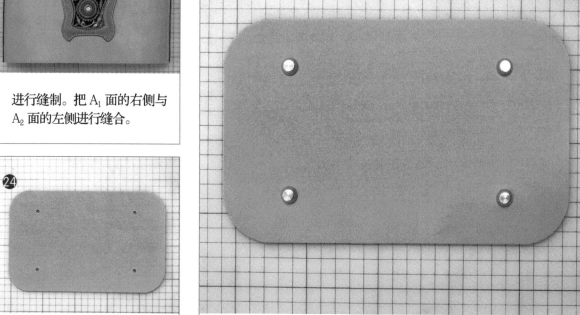

按板型示意进行打孔，将 E 面打 4 个直径 4.0mm 的孔。

进行五金件安装。在 E 面孔内安装 4 个脚钉。

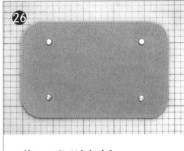

将 E 面四边打斩。

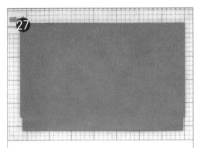

将 C_1 面打斩，共计 5 处，如图。

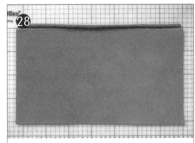

进行缝制。把 C_1 面较短长边卷起进行缝合。

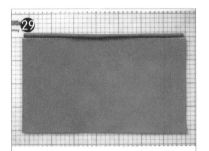

重复步骤 27 和步骤 28，处理 C_2 面。

进行缝制，把 C_1 面的左侧与 C_2 面的右侧进行缝合。

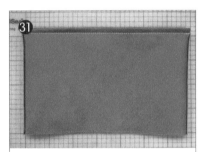

进行缝制，把 C_1 面的右侧与 C_2 面的左侧进行缝合。

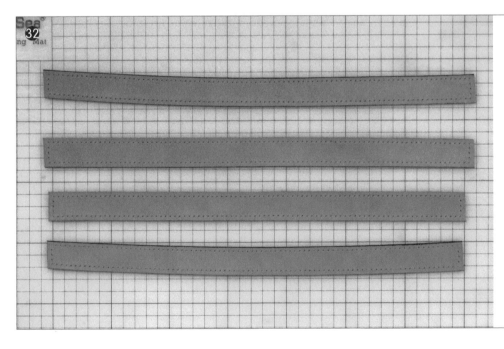

将 G_1 面 ~ G_4 面的四边打斩，共计 16 处，如图。

进行缝制。把 G_1 面的两侧与 G_2 面的两侧进行缝合。

进行缝制。把 G_3 面的两侧与 G_4 面的两侧进行缝合。

进行缝制。把 G_1 面和 G_2 面分别与 C_1 面和 C_2 面进行缝合。

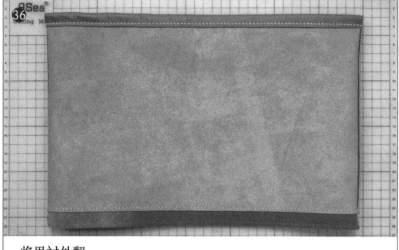

将里衬外翻。

把两根皮绳分别穿入 C_1 面和 C_2 面卷缝的一侧，两头打结。

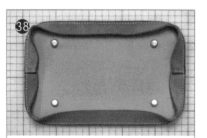

进行缝制。把 G_3 面和 G_4 面与 E 面进行缝合。

进行缝制处理。把 G_3 面和 G_4 面与 A_1 面和 A_2 面进行缝合 。38 39即通过 G_3 面、G_4 面将 A_1 面、A_2 面和正面连接。

进行缝制处理。把 G_1 面和 G_2 面与 A_1 面和 A_2 面进行缝合。

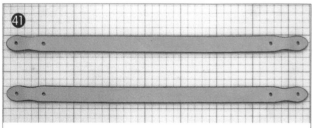

对 H_1 面和 H_2 面打孔，打 4 个直径 4.0mm 的孔，如板型示意。

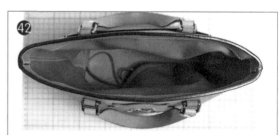

进行五金件安装，在 H_1 面和 H_2 面孔内安装 4 个皮带螺丝，把 H_1 面和 H_2 面固定在日字环内。

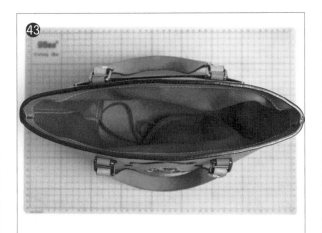

43

整体边缘进行处理，打磨、上色、封边。

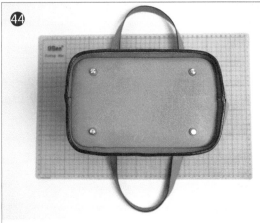

44

边缘处理。

45

完成水桶包制作。